DIE
GARTENBAUWISSENSCHAFT

UNTER MITWIRKUNG
DES REICHSVERBANDES DES DEUTSCHEN GARTENBAUES E. V., BERLIN
UND DER ÖSTERREICHISCHEN GARTENBAUGESELLSCHAFT IN WIEN

HERAUSGEGEBEN VON

E. C. AUCHTER **E. BAUR** **W. GLEISBERG** **L. LINSBAUER**
WASHINGTON MÜNCHEBERG I. M. PILLNITZ A. E. WIEN

FR. MUTH **A. OSTERWALDER**
GEISENHEIM WÄDENSWIL

REDIGIERT VON

W. GLEISBERG **B. HUSFELD**
PILLNITZ A. E. BERLIN

Sonderabdruck aus 7. Band. 1. Heft

Bernhard Husfeld:
Über die Züchtung plasmopara-
widerstandsfähiger Reben

Springer-Verlag Berlin Heidelberg GmbH
1932

ISBN 978-3-662-37471-9   ISBN 978-3-662-38236-3 (eBook)
DOI 10.1007/978-3-662-38236-3

Die Gartenbauwissenschaft

wird herausgegeben unter Mitwirkung folgender Institute:

Staatliches Forschungsinstitut für Gemüse- und Obstbau, Alnarp Åkarp; Hortus Botanicus, Amsterdam; Institut für Vererbungsforschung der Landwirtschaftlichen Hochschule, Berlin-Dahlem; Pflanzenphysiologisches Institut der Lehr- und Forschungsanstalt für Obst- und Gartenbau, Berlin-Dahlem; Institut für Obst- und Gemüseverwertung der Lehr- und Forschungsanstalt für Obst- und Gartenbau, Berlin-Dahlem; Botanisches Institut der Technischen Hochschule, Braunschweig; Institut für Pflanzenbau und Pflanzenzüchtung der Universität Breslau; Fürst Liechtenstein Pflanzenzüchtungs-Institut (Mendel-Institut), Eisgrub; Institut für Pflanzenbau und Pflanzenzüchtung der Universität, Haale a. S.; Institut für allgemeine Botanik der Universität, Hamburg; Institut für Technische Mykologie an der Forstlichen Hochschule, Hann.-Münden; Höhere Bundeslehranstalt und Bundesversuchsstation für Wein-, Obst- und Gartenbau, Klosterneuburg; Laboratorium voor Bloembollen-Onderzoek, Lisse; Kaiser Wilhelm-Institut für Züchtungsforschung, München eberg i. M.; Pflanzenphysiologisches Institut der Deutschen Universität Prag; Staatliche Versuchsstation für Pflanzenproduktion, Prag; Landbaukollege, Universität van Stellenbosch, Süd-Afrika; Laboratorium voor Tuinbouwplantenteelt, Wageningen; Botanisches Institut der Landwirtschaftlichen Hochschule Weihenstephan; Abteilung für Pflanzenphysiologie und Pflanzenkrankheiten der höheren Gartenbaulehranstalt, Weihenstephan; Abteilung für Agrikulturchemie und Bodenkunde der höheren Gartenbaulehranstalt, Weihenstephan; Lehrkanzel für Gartenbau an der Hochschule für Bodenkultur, Wien; Lehrkanzel für Pflanzenzüchtung an der Hochschule für Bodenkultur, Wien.

Die Zeitschrift erscheint zur Ermöglichung raschester Veröffentlichung in zwanglosen, einzeln berechneten Heften; mit 40 bis 50 Bogen wird ein Band abgeschlossen.

Das Honorar für Originalienarbeiten beträgt RM 40.— für den 16 seitigen Druckbogen.

Die Mitarbeiter erhalten von ihren Arbeiten, wenn sie nicht mehr als 24 Druckseiten Umfang haben, **100** Sonderabdrücke, von größeren Arbeiten **60** Sonderabdrücke unentgeltlich. Doch bittet die Verlagsbuchhandlung, nur die zur tatsächlichen Verwendung benötigten Exemplare zu bestellen. Über die Freiexemplarzahl hinaus bestellte Exemplare werden berechnet. Die Mitarbeiter werden jedoch in ihrem eigenen Interesse ersucht, die Kosten vorher vom Verlage zu erfragen.

Die Mitarbeiter werden gebeten, nachfolgende **Richtlinien** zu berücksichtigen, damit die sonst bei der Aufnahme der Arbeit notwendigen Rückfragen vermieden werden.

Die wissenschaftlichen Originalarbeiten sollen weder in deutscher noch in fremder Sprache anderweitig erschienen sein. Kritische Literaturübersichten sollen nicht Auszüge aus den Originalarbeiten sein, sondern die wesentlichsten Forschungstatsachen zusammenfassen. Die geschichtlichen Einleitungen sind, soweit nicht Ergänzungen notwendig sind, auf Hinweise auf Literaturzusammenstellungen in früheren eigenen oder fremden Arbeiten zu beschränken. Tabellen sind möglichst, Wiederholungen von Tabellen aus früheren Veröffentlichungen unbedingt zu vermeiden. Es ist zweckmäßig, in der Arbeit ein Institut anzugeben, in dem die nicht gedruckten Tabellen für Interessierte hinterlegt sind. Abbildungen sind nur dann zulässig, wenn sie sachlich nicht entbehrt werden können. Eine Tatsache durch verschiedene Abbildungen zu belegen, soll vermieden werden.

Änderungen im fertigen Satz sind unzulässig; überschreiten die Korrekturkosten 10 % der Kosten des Satzes, so wird der Mehrbetrag vom Honorar in Abzug gebracht.

Manuskripte für den Originalienteil sind zu richten an

Herrn Professor Dr. W. Gleisberg, Pillnitz a. d. E., b. Dresden, Institut für gärtnerische Botanik und Pflanzenzüchtung,

oder an   *Herrn B. Husfeld, Berlin W 9, Linkstr. 23/24,*

oder an die   *Verlagsbuchhandlung Julius Springer, Berlin W 9, Linkstr. 23/24.*

Der Referatenteil ist der biologisch-medizinischen Referatenorganisation der Verlagsbuchhandlung Julius Springer angeschlossen worden und erstrebt eine schnelle und sachverständige Berichterstattung über die einschlägigen Arbeiten der Weltliteratur. Zuschriften an die

Schriftleitung des Referatenteiles, Berlin W 9, Linkstraße 23/24.

Verlagsbuchhandlung Julius Springer in Berlin W 9, Linkstr. 23/24
Fernsprecher: Kurfürst 6050 u. 6326.

Inhaltsverzeichnis siehe III. Umschlagseite!

(Aus dem Kaiser Wilhelm-Institut für Züchtungsforschung, Müncheberg i. M. und dem Institut für Pflanzenbau und Pflanzenzüchtung an der Landesuniversität Gießen.)

Über die Züchtung plasmoparawiderstandsfähiger Reben.

Von

Bernhard Husfeld.

Mit 57 Textabbildungen.

(*Eingegangen am 19. September 1932.*)

Inhalt.

A.

Einleitung.

I. Aufgabe und Stand der Rebenzüchtung.

Durch Rebenzuchtarbeiten will man die heute angebauten Kulturreben verbessern, d. h. man will z. B. höhere Erträge, bessere Qualitäten und Immunität gegen die Hauptkrankheiten der Reben erzielen. Die Rebenzuchtarbeiten können in Klonzüchtung und Kombinationszüchtung unterschieden werden. Letztere soll hier ausführlicher besprochen werden, sofern es sich um Artkreuzungen von Europäer- und Amerikanerreben und ihre Nachkommenschaften handelt.

Um plasmoparaimmune Reben zu erhalten, müssen Sämlinge herangezogen werden, die aus Kreuzungen oder Selbstungen stammen. Es gibt hierfür zwei Wege; entweder kreuzt oder selbstet man die Europäerreben oder man kreuzt resp. selbstet Europäer- × Amerikanerreben. Der erste Weg führt leider nicht zum Ziel, da die Europäerreben keine Immunitätsfaktoren hinsichtlich der Plasmopara besitzen und somit auch in ihren Nachkommenschaften keine plasmoparawiderstandsfähigen Reben auftreten. Man hat diesen Weg immer wieder erwogen, weil bei den Kreuzungen Europäer- × Europäerreben verhältnismäßig gleichmäßiges Material zusammengebracht und eine allzu bunte Aufspaltung vermieden wird. Bei der Kreuzung von Europäer- × Amerikanerreben (Artkreuzung) kommen dagegen sehr heterogene Erbanlagen zusammen, die Folge davon ist, daß schon in der F_1 und noch mehr in der F_2 bunte Aufspaltungen eintreten. Aus der Literatur und den bisherigen eigenen Versuchen geht einwandfrei hervor, daß nur der letzte Weg Aussicht auf Erfolg hat. Er ist als nicht einfach zu bezeichnen, aber trotzdem muß man sich mit dieser Frage beschäftigen, denn je schwieriger und je langwieriger eine Aufgabe zu sein scheint, um so eher und umfangreicher müssen die Versuche aufgenommen werden. Außerdem müssen die Erfahrungen, die mit anderen Kulturpflanzen gemacht worden sind, mit denen sich leichter und günstiger experimentieren läßt, analog angewandt werden.

An Vorschlägen für den Ausbau der Rebenzüchtung hat es nicht gefehlt. Einen systematischen Plan hat als erster *Erwin Baur*[12] im Jahre 1914 aufgestellt und vorgetragen. Aber schon früher hatten *Oberlin*[91] und *Müller-Thurgau*[82, 83], vor allem aber *Wanner*[117] auf die Bedeutung der Kreuzung von Amerikaner- × Europäerreben für die Immunitätszüchtung hingewiesen. Leider sind durch den Krieg diese Vorschläge, welche schon damals durch die Not der Winzer bedingt waren, nicht verwirklicht worden. In der Nachkriegszeit ist man diesem Arbeitsgebiet wiederum näher getreten und u. a. haben *Müller-Thurgau*[82, 83], *Börner*[16, 17], *Kobel*[83], *Seeliger*[108–110] und *Ziegler*[124–126] sich damit beschäftigt.

Die Kreuzungen Amerikaner- × Europäerreben sind zuerst in Amerika, dort wahrscheinlich spontan, und dann hauptsächlich systematisch in Frankreich durchgeführt worden, um sog. „Direktträger" zu züchten.

Unter „Direktträger" versteht man Reben, die gegen Reblaus und Pilzkrankheiten immun sein sollen und trotzdem gute Quantitäten und Qualitäten von Trauben, wie sie unsere Europäerreben aufweisen, hervorbringen. Als „Direktträger" bezeichnet man diese Pflanzen deshalb, weil man durch sie ursprünglich versucht hat, Reben zu finden, die unveredelt ausgepflanzt werden können, also wurzelecht wachsen. Zur Zeit dagegen legt man bei den „Direktträgern" das Hauptgewicht auf die Herstellung pilzimmuner Reben, denn gegen die Reblaus hilft man sich heute durch Pfropfen, d. h. man pfropft z. B. eine Europäerrebe (Qualitätsrebe) auf eine reblausimmune Amerikanerunterlage. Sog. „Direktträger" gibt es schon seit geraumer Zeit, sie spielen eine gewisse Rolle in den Vereinigten Staaten von Nordamerika, deren Bevölkerung an die Qualität nicht besonders hohe Ansprüche stellt. Es sind auch „Direktträger" über Frankreich nach Deutschland gekommen, die sich aber infolge ihres abweichenden Geschmackes bzw. ihrer Minderqualität nicht einführen konnten. Um dem abzuhelfen, haben sich Züchter wie *Seibel, Couderc, Oberlin, Wanner* u. a. mit der Herstellung von sog. „Direktträgern", die im genetischen Sinne F_1-Pflanzen darstellen, mitunter auch komplizierte Bastarde bzw. Rückkreuzungsbastarde sind, befaßt.

Leider sind „Direktträger", die zum großen Teil nicht immun gegen Reblaus und Pilzkrankheiten sind und auch in der Qualität nicht den Ansprüchen der Konsumenten entsprechen, in verhältnismäßig großer Anzahl, häufig wohl aus geschäftlichen Gründen, zu früh zum Anbau herausgegeben worden, so daß man sich mit Recht gegen die Ausbreitung dieser „Direktträger" gewehrt hat. In Deutschland sind nach dem neuesten Weingesetz die Abwehrmaßnahmen verschärft worden, so daß von 1935 ab Direktträger-Weine nicht mehr in den Handel kommen dürfen.

Wenn es nun gelingt, pilzimmune, quantitativ und qualitativ einwandfreie Reben heranzuzüchten, würde viel zur Herstellung der Rentabilität des deutschen Weinbaues gewonnen sein.

Über den derzeitigen Stand der Rebenzüchtung ist zu sagen, daß sich bis jetzt schon eine Reihe von Züchtern mit der Herstellung der Direktträger befaßt hat. So schreibt wohl als erster *Oberlin*[91] dazu folgendes: „Ein weit größeres Interesse wird heute den amerikanisch-europäischen Hybriden beigemessen, wenn sie sämtliche von einem Direktträger vererbte Eigenschaften besitzen. Erst im Jahre 1884 war es mir möglich, hier im Elsaß mit der Herstellung von solchen Hybriden zu beginnen, nachdem ich vorher längere Zeit große Schwierigkeiten überwältigen mußte. Amerikanische Reben hatte ich keine; die Einfuhr von solchen in das Elsaß war streng verboten. Ich sah mich daher gezwungen, das nötige Material aus Samen zu ziehen, was längere Zeit in Anspruch nahm. Ich mußte anfangs meine Ausführungen fast geheimhalten, indem hier vielfach die irrige Meinung herrschte, es gäbe keine Amerikaner ohne Läuse. Wenn in den ersten Zeiten meine Operationen sozusagen in der Dunkelheit ausgeführt wurden und ein Gelingen derselben nur dem Zufall hätte zugeschrieben werden können, so muß offen eingestanden werden, daß trotz der vielen Versuche nach allen Richtungen ein richtiges Resultat nicht zutage getreten ist. Den obigen Angaben kann noch hinzugefügt werden, daß das Colmarer Weinbauinstitut im ganzen Elsaß, eigentlich in ganz Deutschland die einzige Stelle ist, in welcher Rebenhybridisation getrieben wird, und dies einzig und allein, weil ich diese Kunst trotz bedeutender Schwierigkeiten, die mir in den Weg gelegt wurden, dort eingeführt habe, während in Frankreich die Hybridisation sehr in Ehren steht..." Vor allem hat in Deutschland, wie schon angedeutet, *Wanner* in Kenchen (Laquenexy) seit dem Jahre 1908 umfangreiche Kreuzungen zwischen Europäer- und Amerikanerreben zielbewußt durchgeführt. Die aus diesen Kreuzungen hervorgehenden F_1-Bastarde wurden schon seinerzeit einer Selektion unterworfen. Aber in den seltensten Fällen sind F_2-Aufspaltungen hergestellt worden, teils aus Unkenntnis der Bedeutung der Mendelschen Spaltungsregeln für die Züchtung, aber auch aus Mangel an Material. Nach Vorarbeitung *Börners*[15] im Jahre 1911 führte *Rasmuson*[94-96] Züchtungsversuche in der Reblausbiologischen Station der Biologischen Reichsanstalt in Ulmenweiler b. Metz in den Jahren 1912—1915 durch. Es ist wohl kein Zufall, daß die Frage der Direktträgerzüchtung aus dem seinerzeit der französischen Grenze naheliegenden Gebiete kam. Denn wie wir wissen, war Frankreich, das sehr unter den amerikanischen Rebenschädlingen zu leiden hatte, damit beschäftigt, den Rebbau umzustellen, was nicht ohne Eindruck auf die benachbarten deutschen Winzer blieb. In Ulmenweiler war auch beabsichtigt, neben der praktischen Züchtungsarbeit eine allgemeine Erbanalyse der weinbautechnisch wichtigsten Arten von Vitis durchzuführen, eine Aufgabe, die ich mir aus verschiedenen Gründen, die ich später erörtern will, nicht gestellt habe. *Rasmuson* veröffentlichte einige Untersuchungen an jugendlichen Sämlingen, gab aber die Arbeiten 1916 aus Gesundheitsrücksichten leider wieder auf. Durch den unglücklichen Ausgang des Krieges ging die Station Ulmenweiler verloren, ohne daß man von dem Rebzuchtmaterial etwas hätte bergen können. Die Arbeiten wurden 1919 in der neu gegründeten Zweigstelle der Biologischen Reichsanstalt in Naumburg wieder aufgenommen. Über die züchterischen Arbeiten dieser Station berichtet *Seeliger*[108] 1925. In dieser Arbeit werden auch ausführlich die Arbeiten der Rebenzüchter genannt, die sich bis dahin mit den „Direktträgern" befaßt hatten. Aus diesem Grunde kann ich es mir hier ersparen, noch eingehender auf die historische Entwicklung der Rebenzüchtung einzugehen. Zu bemerken ist noch, daß aus dem Kreuzungsmaterial von *Wanner*, Straßburg, Pflanzen herangezogen wurden, die *Seeliger* neben seinen anderen Versuchen mit auswertete.

Seit 1929 ist nun der Weg, den *Baur* 1914 in einem Vortrag in Göttingen, anläßlich einer Tagung der Gesellschaft zur Förderung deutscher Pflanzenzucht vorschlug, systematisch in Müncheberg beschritten worden.

II. Die wirtschaftliche Bedeutung der Plasmopara und ihre Bekämpfungsmöglichkeiten.

Die Plasmopara wurde in Europa erstmalig in Frankreich von *Planchon* im Jahre 1878 beobachtet. Der Pilz breitete sich mit großer Geschwindigkeit über ganz Frankreich aus und konnte bereits 1880 in Elsaß-Lothringen und 1882 im Rheingau und anderen deutschen Weinbaugebieten beobachtet werden. Die Verbreitung des Pilzes ging unaufhaltsam weiter. Der Schaden, den er dem deutschen Weinbaugebiet zufügte, ist schwer zu schätzen. Jedenfalls ist die Rebenanbaufläche seit dem Auftreten dieses Schädlings erheblich zurückgegangen. Die Bekämpfungskosten betragen je Hektar etwa 200 RM. Bei einer Anbaufläche von 71355 ha im Deutschen Reiche kosten allein die Plasmoparabekämpfungsmaßnahmen jährlich rund 14,5 Millionen RM. Bei diesen Zahlen handelt es sich um Unkosten für normale Bekämpfungsmaßnahmen. Sehr häufig müssen diese aber noch verstärkt angewandt werden, und dann verteuert sich selbstverständlich die Plasmoparabekämpfung ganz erheblich. Ganz abgesehen von den Unkosten für die Bekämpfungsmaßnahmen, erwachsen Schäden durch Wachstumshemmungen (Spätreife), durch schlechte Holzreife und Mindererträge als Folgen des Plasmoparabefalles. Die plasmoparakranken Reben liefern häufig, auch wenn sie gespritzt sind, geringere Mostqualitäten. Ferner können Schäden durch unsachgemäßes oder verspätetes Spritzen erwachsen, so daß man wohl nicht fehlgeht, wenn man den gesamten Plasmoparaschaden im Deutschen Reich auf jährlich 25 Millionen RM. veranschlagt. *Fischer*[32] schätzt die gesamten jährlichen Schädlingsbekämpfungskosten für den deutschen Weinbau auf 48 Millionen RM., dazu kämen etwa 2 Millionen RM. für die staatliche Reblausbekämpfung. Es geht daraus ohne weiteres hervor, daß die Züchtung krankheitswiderstandsfähiger Reben von weittragender Bedeutung für die deutsche Volkswirtschaft ist.

Bekämpft wird die Plasmopara in der Hauptsache durch Kupferpräparate. Anfangs wurde mit reiner Kupfervitriollösung gespritzt, und man erlebte dabei große Ausfälle durch Verbrennungen. Durch die Arbeiten *Millardets*[68] wurde die Praxis zur Verwendung von Kupferkalkbrühe angeregt. Diese von ihm empfohlene sog. Bordelaiserbrühe ist heute noch im Gebrauch, da sie bequem und billig herzustellen ist. Es ist nun wichtig, daß man das Spritzen mit der Kupferkalkbrühe rechtzeitig vornimmt; jedenfalls schon vor der eigentlichen Infektion. Die Arbeit des Spritzens ist mit den heutigen Spritzenmodellen und Zerstäubern sehr vereinfacht und bei sorgfältiger Anwendung der Bekämpfungsmaßnahmen ist der Erfolg unbedingt garantiert. Berücksichtigt muß auch die Wetterlage werden, denn bei Regenwetter wird der Wirkungsgrad der Spritzbrühe herabgesetzt. Neben der Kupfer-

kalkbrühe werden noch andere kupferhaltige Spritzmittel wie z. B. Nos-
peral und Nosprasen angewandt. Trotz aller Bemühungen ist es bisher
nicht gelungen, die Plasmopara durch Stäubemittel erfolgreich zu be-
kämpfen, weil diese schlecht am Blatt haften.

B.
I. Untersuchungen über die Plasmoparainfektion bei Reben.
1. Natürliche Infektion.

Die Plasmoparaerkrankung wird durch „Plasmopara viticola" her-
vorgerufen. Über die Biologie der Plasmopara haben u. a. *v. Faber*[104],
Gregory[41], *Istvánffi*[52], *Millardet*[68], *Müller-Thurgau*[79-82], *Pálinkás*[52],
Ruhland[104], *Ravaz et Verge*[99] und *Viala*[116] gearbeitet und berichtet.

Die Plasmopara war, wie kurz erwähnt, früher in Europa nicht verbreitet. Die Einschleppung steht wohl in direktem Zusammenhang mit
der Reblaus. Denn durch die Einfuhr von amerikanischen Reben nach
Süd-Frankreich wurden die Reblaus und Plasmopara höchstwahrscheinlich gleichzeitig nach Europa gebracht. Man glaubte anfangs, daß der
Pilz nicht sehr großen Schaden anrichten könnte, weil er in Europa nicht
heimisch wäre. Aber man kann verfolgen, wie die biologische Entwicklung des Pilzes sich den hiesigen klimatischen Verhältnissen schnell
anpaßte. Ursprünglich trat die Plasmopara nur an den Blättern auf
und erzeugte an der Blattunterseite einen Schimmelrasen. Heute befällt
der Pilz fast alle oberirdischen Teile der Rebe, selbst Gescheine (Blüten-
stände) und Trauben werden durch die Plasmopara vernichtet.

Die Plasmoparakrankheit erkennt man zuerst an den Blättern, an
deren Oberseite gelblich grün verfärbte Flecken auftreten. Hält man
die Blätter gegen das Licht, so bemerkt man, daß diese Flecken trans-
parent sind. Auf der Unterseite der Blätter, die die gelb verfärbten
Flecken aufweisen (Ölflecken), kann man die Entwicklung eines weißen
Schimmelrasens beobachten.

Bei mikroskopischer Betrachtung erscheinen die weißen Flecken wie
ein Wald von bäumchenartig verästeten Pilzfäden, die aus den Spaltöffnungen der Blätter herauswachsen und an ihren Astenden eiförmige
Conidien tragen. Sobald diese Conidien reif sind, fallen sie ab und werden
durch den leisesten Luftzug auf einen anderen grünen Teil der Rebe gebracht. Sie sind imstande, diesen Teil der Rebe durch die Stomata wieder
neu zu infizieren. Voraussetzung ist dabei, daß die Conidien genügend
Feuchtigkeit haben bzw. sich in einem Wassertröpfchen befinden, denn
nur dann platzen sie auf und entlassen Schwärmsporen, die mit Hilfe
ihrer Geißeln sich zu einer Spaltöffnung hinbewegen und von dort aus
die Infektion durch Entsenden eines Keimschlauches in die Spaltöffnung
vollziehen. Der Pilz dringt fast immer an der Blattunterseite ein, weil
diese im Gegensatz zur Blattoberseite mit sehr zahlreichen Spaltöffnun-

gen versehen ist. Die natürliche Infektion tritt immer im Zusammenhang mit einer Regenperiode auf und ist dementsprechend ganz besonders stark in den Weinlagen, die sehr unter Niederschlägen zu leiden haben. Es ist eine bekannte Tatsache, daß in regenarmen Weinbaugebieten die Plasmopara nur geringen Schaden anrichtet.

Zwischen der Infektion und dem Auftreten der erwähnten „Ölflecken" bzw. des weißen Schimmelrasens an der Blattunterseite besteht eine bestimmte Zeitdifferenz, die je nach der Temperatur verschieden lang ist. Diese Zeitdifferenz, die man als Inkubationszeit bezeichnet, ist durch die Forschungen von *v. Isvánffi* und *Pálinkás, Müller*[76] und *Savoly*[106] den Temperaturen entsprechend genau festgelegt. Die Inkubationszeiten für deutsche Verhältnisse sind von *Müller* berechnet. Auf Grund dieser Zeitberechnungen kann man den Ausbruch der Plasmopara ziemlich genau vorher bestimmen, was aus naheliegenden Gründen für die praktischen Bekämpfungsmaßnahmen von großem Wert ist.

Aus dem Gesagten geht hervor, daß das Auftreten der Plasmopara in der freien Natur von verschiedenen Umständen sehr stark abhängig ist. Wenn es sich also wie bei dieser Arbeit darum handelt, festzustellen, welche Pflanzen aus genetischen Gründen gegen Plasmopara mehr oder weniger widerstandsfähig sind, so müssen die Umstände, die auf Ausbruch und Entwicklung der Plasmopara hemmend wirken, beseitigt werden. Denn es ist sehr mißlich, nicht genau zu wissen, ob die Pflanze genetisch widerstandsfähig gegen Plasmopara ist oder ob sie sich aus irgendwelchen äußeren Gründen an oder in der Pflanze nicht hat entwickeln können. Um diese Schwierigkeiten auszuschalten, wurde als wichtigste Aufgabe die Ausarbeitung einer künstlichen Infektionsmethode betrachtet.

2. Künstliche Infektion.

Die beschriebenen Tatsachen der natürlichen Infektion wurden weitgehend als Grundlage für die künstliche berücksichtigt. Vor allen Dingen mußten bei der künstlichen Infektion für die Plasmopara optimale Lebensbedingungen geschaffen werden. Aus der Literatur geht hervor, daß nach ausgedehnten und sorgfältigen Versuchen von *Arens*[3] die Plasmopara nicht künstlich, d. h. auf besonderen Nährböden kultiviert werden kann. Auf Grund dieser Tatsache wurden eigene Versuche in dieser Richtung nicht angesetzt, vielmehr wurden stets lebende Rebenpflanzen als Wirt für die Plasmopara verwandt.

Die Plasmopara ist gegen äußere Einflüsse sehr empfindlich, wie dies eigene Keimversuche zeigten. Schon geringe Mengen organischer oder anorganischer Substanz hindern das Ausschlüpfen der Schwärmsporen aus den Conidien oder hemmen die Beweglichkeit der Schwärmsporen

in starkem Maße, so daß sie die Rebenpflanzen nicht mehr infizieren
können. Es wurden Versuche mit Leitungswasser bzw. Brunnenwasser,
mit destilliertem Wasser und mit Regenwasser angestellt. Diesen verschiedenen Wasserarten sind etwa gleich viel Conidien zugegeben worden,
d. h. infizierte plasmoparatragende Blätter wurden in den genannten
Wasserarten abgespült und darauf wurde das Ausschlüpfen der Schwärmsporen beobachtet. Dabei zeigte sich, daß das Brunnenwasser, welches in
Müncheberg sehr viel Mineralien enthält, für die Infektionsversuche nicht
in Frage kommt. Das Ausschlüpfen der Schwärmsporen wurde durch
die Mineralien behindert oder sofern Schwärmsporen auftraten, war die
Virulenz sehr stark herabgesetzt. Charakteristisch für das Nachlassen
der Virulenz bzw. für das Absterben war, daß die Schwärmsporen eine
kugelige Form annahmen. In destilliertem Wasser traten nach $2—2^1/_2$
Stunden bei $25°$ Schwärmsporen auf, aber auch hier war die Virulenz
nicht sehr stark, was wohl damit zu erklären ist, daß das käufliche
destillierte Wasser in Kupferkesseln gewonnen wird und wahrscheinlich Spuren von kupferhaltigen Salzen enthält, die schon genügen,
die Lebensfähigkeit der Schwärmsporen herabzusetzen. Am wohlsten
fühlen sich die Schwärmsporen im Regenwasser. Da traten bisweilen
schon nach $1^1/_2$ Stunden bei günstigen Temperaturen, d. h. etwa bei
$20—25°$, Schwärmsporen auf, die äußerst lebhaft waren. Ein Infektionsversuch mit Brunnenwasser, destilliertem Wasser und Regenwasser
ergab ein ganz entsprechendes Ergebnis. Es wurden am 19. August 1930
48 anfällige Pflanzen mit einer Conidien- bzw. Schwärmsporenaufschwemmung, die einmal aus Regenwasser, zum anderen aus destilliertem Wasser und zum dritten aus Brunnenwasser bestand, infiziert.
Der Versuch wurde wie folgt durchgeführt: Die 48 Pflanzen wurden
in 4 Gruppen zu je 12 Pflanzen geteilt. In den einzelnen Gruppen waren
starkwüchsige und schwachwüchsige in etwa gleicher Anzahl vertreten.
Drei Gruppen wurden mit Conidienlösungen der verschiedenen Wasserarten bespritzt, während die 4. Gruppe unbehandelt blieb und später
keinen Plasmoparabefall aufwies. Nach 5—9 Tagen brach die Plasmopara an den künstlich infizierten Blättern hervor; am stärksten und am
schnellsten waren die Pflanzen befallen, die mit einer Conidienlösung
in Regenwasser infiziert waren, wie dies auch aus beigefügtem Bild
(Abb. 1) hervorgeht, auf dem die typischen Pflanzen der einzelnen Gruppen photographiert sind. Der Unterschied im Befall je nach der Aufschwemmungsflüssigkeit ist ganz deutlich wahrzunehmen und entspricht
den Beobachtungen hinsichtlich des Verhaltens der Schwärmsporen in
den 3 verschiedenen Wasserarten.

Für die künstliche Infektion sind noch folgende Beobachtungen
von ausschlaggebender Bedeutung. Es hat sich herausgestellt, daß für
die Infektionsversuche nach Möglichkeit nur Sporen und Conidien von

ganz frischen Conidienträgern zu verwenden sind. Werden Sporen von älterem Plasmoparabelag verwandt, so ist der Infektionsgrad sehr stark herabgesetzt. Gesunde Conidien sehen bei mikroskopischer Beobachtung schneeweiß, glasig- bis wässrig-durchsichtig aus und sind stark lichtbrechend, prall, nicht granuliert. Alte absterbende bzw. tote Conidien zeichnen sich durch geringe Lichtbrechung aus, sind grau-bräunlich und gekörnt und mitunter löst sich auch die Zellhaut vom Zellinhalt ab. Älteres Conidienmaterial setzt sich bei einer Aufschwem-

Abb. 1. a) Starker Befall bei Infektion mit Regenwasser-Aufschwemmung; b) schwächerer Befall bei Infektion mit Aufschwemmung in destilliertem Wasser; c) schwacher Befall bei Infektion mit Brunnenwasser-Aufschwemmung; d) unbehandelte Kontrollpflanze.

mung ab, frisches dagegen verteilt sich gleichmäßig und gibt der Infektionsbrühe ein milchiges Aussehen. Weiter ist von Wichtigkeit, daß man die Infektionsaufschwemmungen in Glas- oder Tongefäßen herstellt und mit Glas- oder Kautschukspritzen an die Rebenblätter bringt. Allerdings haben wir auch mit einer Messingspritze keine sehr nachteiligen Erfahrungen gemacht. Dies ist wohl darauf zurückzuführen, daß der Messingzylinder der Infektionsspritze durch den Kolben, der meistenteils stark gefettet ist, von innen mit einer Ölschicht überzogen ist und somit die Infektionsflüssigkeit wenig mit dem Metall in Berührung kommt. Wichtig ist ferner, daß die Pflanzen, die infiziert werden sollen, sich in einer für den Pilz optimalen Luftfeuchtigkeit und

Temperatur befinden, die durch eine künstliche Bedampfungs- und Heizungsanlage erreicht wird. Wenn der Infektionssprühtropfen am Blatt verdunstet, gehen auch die Schwärmsporen zugrunde. Durch optimale Keimungstemperaturen dringen die Keimschläuche in viel kürzerer Zeit in die Spaltöffnungen ein und die Infektion ist sicherer gewährleistet. Dabei versteht es sich von selbst, daß die frisch infizierten Pflanzen nicht mit Brunnenwasser während der Infektionszeit gegossen werden können, denn einmal würden dadurch die Sprühtropfen der Infektionsflüssigkeit abgewaschen und außerdem würde durch die Mineralsalze des Gießwassers die Aktivität der Schwärmsporen gehemmt werden. Weiter ist zu beachten, daß die Infektionsaufschwemmung an die Blattunterseite der zu infizierenden Rebe gebracht wird, denn nur von der Blattunterseite her ist eine sichere Infektion aus den schon vorher erwähnten Gründen möglich.

Außerdem wurden Versuche angestellt, die die Frage klären sollten, ob bei der Plasmopara wie bei den Uredineen eine biologische Spezialisation vorhanden ist. Zu diesem Zweck wurde Infektionsmaterial aus Geisenheim/Rhein und Freiburg/Baden bezogen. Es zeigte sich bei der Beobachtung dieses Materials kein Unterschied hinsichtlich der Conidienbildung, der Schwärmsporen und des Verhaltens in den Aufschwemmungsflüssigkeiten. Die Pflanzen, die gegen die Herkunft Geisenheim anfällig waren, waren es auch gegen die Herkunft Freiburg und umgekehrt. Hierbei möchte ich bemerken, daß ursprünglich in der Müncheberger Gegend keine Plasmopara auftrat und trotz aller Bemühungen die Reben in Müncheberg nicht befallen wurden. Das Infektionsmaterial mußte erst aus den oben genannten Gegenden eingeführt werden. Der Versuch betr. Feststellung, ob es spezialisierte Biotypen bei der Plasmopara gibt, kann als noch nicht abgeschlossen gelten. Es ist beabsichtigt, in nächster Zeit Plasmopara aus den verschiedensten Gegenden von Europa, wie z. B. aus Spanien, Frankreich, Italien, Jugoslawien, Süd-Rußland und Rumänien, zu beziehen, um mit diesem Material an Rebenpflanzen, deren Widerstandsfähigkeit bekannt ist, die Biotypenfrage einwandfrei zu klären. Aber nach den bisherigen Versuchen, die man als Tastversuche bezeichnen kann, ist anzunehmen, daß spezialisierte Biotypen nicht auftreten. Durch Biotypen werden also unsere Arbeiten zur Zeit nicht weiter erschwert.

Bei der beschriebenen Infektionsmethode versteht es sich von selbst, daß ein etwas anderes Krankheitsbild hervorgerufen wird als bei der natürlichen Infektion, denn es werden viel größere Mengen von Infektionserregern an das Blatt gebracht und viel mehr Blatteile infiziert. Dementsprechend verbreitet sich das Pilzmycel der Plasmopara von vielen Punkten des Blattes aus nach allen Seiten (s. Abb. 2), während bei der natürlichen Infektion das Blatt meistenteils an einer Stelle infiziert

wird und von dort aus der Ver-
nichtungsprozeß durch den
Pilz sich über das ganze Blatt
langsam hinzieht. Bei der
künstlichen Infektion wird das
Blatt viel schneller zerstört,
da die Pflanze infolge der starken Infektion selten in der
Lage ist, selbst bei verhältnismäßig ungünstigen Bedingungen für den Pilz, die Oberhand
zu bekommen, was bei der
natürlichen Infektion öfter
beobachtet werden kann.

Die Tatsache, daß die Plasmopara im Freien unregel-
mäßig und mitunter auch erst
spät auftritt, ließ den Wunsch
aufkommen, Plasmoparaerreger schon im zeitigsten Früh-

Abb. 2. Künstliche Plasmopara-Infektionswirkung
(der rechte Teil des Blattes wurde nicht infiziert).
$^1/_2$ natürliche Größe.

jahr für die Infektionsversuche zur Hand zu haben. Nachdem bisher vergeblich versucht war, die Plasmopara auf künstlichen Nährböden zu kultivieren, wurde in Müncheberg versucht und erreicht,
die Plasmopara an grünen Pflanzen über Winter zu halten (Abb. 3).

Abb. 3. Plasmopara-Befall im Winter. $^1/_4$ natürliche Größe.

Theoretisch standen diesem Gedanken keine Bedenken entgegen,
jedoch ist die Erreichung des geschilderten Zieles nicht immer leicht.
Einmal muß dafür gesorgt werden, daß immer frisches, d. h. grünes
Rebenmaterial vorhanden ist, was insofern Schwierigkeiten macht,
als die Rebe hinsichtlich des Blattabwerfens einem bestimmten

Rhythmus unterworfen ist und trotz aller optimalen Kulturbedingungen für die Rebe die Blätter eines Tages abfallen. Diese Tatsache ist dadurch umgangen worden, daß man Rebenpflanzen in der Vegetationsperiode rechtzeitig durch Trockenhalten zum frühen Herbst zwang und daß diese Pflanzen vor dem Antreiben einer künstlichen Frosteinwirkung ausgesetzt wurden. Dadurch kann man erreichen, daß zu verschiedenen Zeitabschnitten ständig frisches Rebenblattmaterial für Infektionsversuche im Winter zur Verfügung steht. — Andererseits macht die Kultur der Plasmopara während der Wintermonate ebenfalls Schwierigkeiten. Es ist bei den starken Schwankungen des Lichtes, der Temperatur- und Luftfeuchtigkeit nicht immer einfach, in dieser Zeit die optimalen Bedingungen im Kulturhaus zu erfüllen. Daher gelingt es im Winter schwerer, grüne, mit Plasmopara befallene, Rebenblätter im Gewächshaus zu halten.

Es wurde auch mehrfach erreicht, aus nicht allzu trockenen und nicht im Freien überwinterten Herbstblättern, die stark mit Oosporen angereichert waren, eine Plasmoparainfektion hervorzurufen. Zu diesem Zweck wurden die trockenen Blätter zermahlen, in Regenwasser angeweicht, gegen die Unterseite der jungen Rebenblätter gespritzt, und die Primärconidien der gekeimten Oosporen leiteten von neuem die bekannten Infektionsvorgänge ein.

Nach diesen Methoden wurde erstmalig in Müncheberg Plasmopara über Winter gehalten. Die beschriebenen Versuche sind, wie wir später sehen werden, von ausschlaggebender Bedeutung für den Fortschritt der Selektionsversuche auf Plasmoparawiderstandsfähigkeit geworden.

Wie nun im einzelnen die Rebenpflanzen auf die künstliche Infektion reagieren und wie sich speziell die verschiedenen widerstandsfähigen Rebenpflanzen dem Pilz gegenüber verhalten, soll in einem späteren Abschnitt beschrieben werden.

II. Untersuchungen an Rebensämlingen.

1. Material, Aussaat und Anzucht.

Bevor Angaben über das Material, Aussaat- und Anzuchtmethoden gemacht werden, müssen gewissermaßen aufklärend einige Angaben darüber gegeben werden, warum gerade in Müncheberg Rebenzuchtversuche zur Durchführung gelangen. Die ersten Versuche rebenzüchterischer Art machte ich im Jahre 1926 in der Lehr- und Forschungsanstalt für Obst-, Wein- und Gartenbau in Geisenheim a. Rh. Es war seinerzeit geplant, an dieser Anstalt ein Spezialinstitut für Rebenzüchtung einzurichten. Leider ist infolge verschiedener Widerstände, in allererster Linie waren dieselben finanzieller Art, aus der Gründung dieses Instituts nichts geworden.

Seinerzeit war ich Assistent am Institut für Vererbungsforschung der Landwirtschaftlichen Hochschule Berlin-Dahlem und konnte nur nebenamtlich die Rebenzuchtarbeiten in Geisenheim durchführen. Für diese Zwecke wurde ich von Fall zu Fall von Herrn Prof. *Baur*, dem damaligen Leiter des Institutes, entgegenkommenderweise, auf Antrag des Preußischen Ministeriums für Landwirtschaft, Domänen und Forsten beurlaubt. Die Arbeiten in Geisenheim brachten es mit sich, daß ich schon seinerzeit in Berlin-Dahlem einige Aussaatversuche mit Reben machte, und dabei stellte sich heraus, daß den Rebensämlingen das Klima und der Boden ausgezeichnet bekam. Als nun im Jahre 1928 das Kaiser-Wilhelm-Institut für Züchtungsforschung in Müncheberg i. M. gegründet wurde, welches sich hauptsächlich mit der angewandten Genetik, d. h. mit der Erforschung der Grundlagen für die Züchtung landwirtschaftlicher und gärtnerischer Kulturpflanzen befassen sollte, lag es sehr nahe, zumal *Baur* schon im Jahre 1914 einen systematischen Rebzuchtplan entworfen hatte, diese Arbeiten nach Müncheberg zu verlegen. In Müncheberg sollen nun nicht etwa Qualitäts- und Ertragsversuche mit Reben gemacht, sondern die in großer Anzahl herangezogenen Rebensämlinge u. a. auf ihre Widerstandsfähigkeit gegen Plasmopara geprüft werden. Im Kaiser-Wilhelm-Institut für Züchtungsforschung sind alle Einrichtungen für derartige Versuche vorhanden und können bei den verhältnismäßig gleich gerichteten Versuchsarbeiten rationell ausgenutzt werden. Ferner sind Löhne und Bodenpreise wesentlich billiger als im Weinbaugebiet, auch Ackerflächen stehen in ausreichendem Maße zur Verfügung. Das ließ 1929 den Plan zur Wirklichkeit werden, in Müncheberg die Rebensämlinge im großen Maßstabe heranzuziehen, vorzuselektionieren und später im Weinbaugebiet auf ihre Weinbergseignung zu prüfen. Dabei muß bemerkt werden, daß sich das Müncheberger Gelände, wie sich im Laufe der Zeit herausgestellt hat, gut für Rebenzuchtversuche eignet. Selbst ein Rebensortiment, welches fast alle Rebenarten enthält und für Züchtungsversuche unentbehrlich ist, gedeiht ebenfalls gut. Gleichzeitig laufen im großen Maßstabe Selbstungsversuche unserer wichtigsten Europäersorten. Auch diese Pflanzen, die auf dem Müncheberger Acker aufgeschult sind, entwickeln sich günstig. Schwierigkeiten sind anscheinend nur bei der Traubenreife infolge des frühen Herbstes zu erwarten. Da jedoch die Müncheberger Reben noch nicht tragen, läßt sich hierüber zur Zeit nichts Endgültiges sagen.

Es dürfte in diesem Zusammenhang interessieren, daß der Weinbau vor etwa 200 Jahren in der Provinz Brandenburg und auch in der Umgebung von Berlin in erheblichem Umfange durchgeführt wurde und sogar wirtschaftliche Bedeutung hatte. Angaben in der Literatur sowie Schlag- und Weg- bzw. Straßenbezeichnungen erinnern daran. Noch heute findet man in der Provinz Brandenburg an Häusern und Lauben Reben angebaut, die meist reichlich tragen, doch fehlt in manchen Jahren für die spätreifen Sorten zur vollständigen Traubenreife die notwendige Herbstsonne.

Um das Zuchtziel, eine plasmoparawiderstandsfähige, ertragreiche Qualitätsrebe zu erreichen, wurden seit 1926 Kreuzungen unserer Europäerreben, d. h. Qualitätsreben, die heute in Kultur sind, mit den amerikanischen Reben, die widerstandsfähig gegen Plasmopara sind, im großen Umfange durchgeführt. Diese Kreuzungen, die also zum Zwecke der Herstellung von F_1 gemacht wurden, sind fast ausschließlich in Geisenheim hergestellt worden. Es handelt sich hauptsächlich um Kreuzungen zwischen: Rheinriesling × Riparia, Rheinriesling × Rupestris, Moselriesling × Riparia, Moselriesling × Rupestris, Moselriesling × (Riparia × Berlandieri), Moselriesling × (Rupestris × Berlandieri), Silvaner × Riparia, Silvaner × Rupestris, Silvaner × (Riparia × Berlandieri), Silvaner × (Rupestris × Berlandieri), Trollinger × Riparia, Trollinger × Rupestris, Trollinger × (Riparia × Berlandieri). Ich will darauf verzichten, jede einzelne Kreuzung hier anzuführen, weil diese Kreuzungen meistenteils erst bei der Herstellung der F_2 bzw. Selbstung an Bedeutung gewinnen.

Um nun aber den Plan der Herstellung der F_2 im großen Maßstabe schnell zu verfolgen, wurden alte Kreuzungen, d. h. Kreuzungen, die ursprünglich zur Herstellung der sog. „Direktträger" gemacht wurden, für die F_2-Aufspaltungsversuche herangezogen. Wie schon teilweise eingangs erwähnt, haben *Blankenhorn, Goethe, Müller-Thurgau, Oberlin, Rasch* und *Wanner* derartige Versuche gemacht, um aus dem F_1-Material „Direktträger" herauszuselektionieren. Bei diesen Versuchen sind zwar wenig brauchbare „Direktträger" gefunden worden, aber Pflanzen, die sich infolge der Widerstandsfähigkeit gegen die Reblaus als Unterlagen eigneten. Diese Sorten sind an den verschiedensten Stellen in Deutschland in letzter Zeit zur Unterlagenholzgewinnung stark vermehrt und angebaut worden. Es lag nun nahe, Unterlagen, die zwittrig waren, für unsere Versuche zu verwenden. Es fanden für diese Versuche die Sorte Mourvèdre × Rupestris 1202 C und die Sorte Gamay × Riparia 595 Oberlin oder Riparia × Gamay 595 Oberlin bis jetzt Verwendung. (Inzwischen sind auch größere Aufspaltungsversuche mit den Sorten: Aramon × Rip. 143 B.M.G., Seibel 867 und Couderc 146—51 gemacht worden. Über das Ergebnis kann erst später berichtet werden.) Dabei wurden die Gescheine an den Stöcken belassen. Da es sich um zwittrige Sorten handelt und man annehmen kann, daß bei dem Abwerfen der Haube die Selbstbestäubung erfolgt ist, wurden ihre Trauben, die also aus frei abgeblühten Gescheinen hervorgingen, geerntet und zur Aussaat vorbereitet.

Es ist selbstverständlich, daß man mit derartigem Material keine exakte genetische Analyse anstellen kann, denn es steht nicht fest, ob die angegebenen Eltern bei der Herstellung der F_1 tatsächlich verwandt worden sind. Es ist weiterhin unmöglich, die ursprünglichen Elternpflanzen, die für eine Erbanalyse unbedingt vorhanden sein müßten, aufzufinden. Außerdem sind unsere Reben, die schon seit urdenklichen Zeiten vegetativ vermehrt werden, stark heterozygotisch. Dies trifft sowohl für die Amerikaner als auch für die Europäer zu. Für die Amerikanerreben gilt dies in ganz besonders hohem Maße, weil sie sehr häufig diöcisch sind und somit eine Fremdbestäubung zur Regel wird. Welche Bedeutung diese Erscheinung hat, werden wir später noch genauer feststellen.

Es erschien danach von vornherein unzweckmäßig, mit Reben genetische Versuche zu machen. Man kann solche Versuche viel schneller und billiger an Pflanzen durchführen, mit denen man in genetischer

Hinsicht günstiger arbeitet, wie z. B. Antirrhinum majus. Wir entschlossen uns daher, alte F_1-Pflanzen, die heute zur Unterlagenholzgewinnung herangezogen werden, zur Aufspaltung zu bringen.

Es sind von manchen Rebenzüchtern Einwände gegen die Herstellung solcher F_2 gemacht worden, weil daraus nach ihren Erfahrungen meist noch schlechtere Typen herausspalten als in der F_1. Dies ist zweifellos richtig, darf aber meines Erachtens nicht die Herstellung einer F_2 hindern, denn die Erfahrungen wurden an viel zu kleinem Pflanzenmaterial gemacht. Es ist erklärlich, daß unter einem kleinen Material aller Wahrscheinlichkeit nach kaum eine brauchbare Pflanze zu finden sein wird. Denn bekanntlich ist die Variationsbreite der F_2, und noch mehr die der F_3, eine viel größere als die der F_1, die infolge der Heterozygotie ihrer Eltern auch schon spaltet. Wenn also die Versuche mit den F_2-Pflanzen Erfolg versprechen sollen, müssen sie mit einem sehr großen Material angestellt werden. Dies geht auch schon aus der Überlegung hervor, daß es sich bei den Kreuzungen Amerikaner- × Europäerreben um Artkreuzungen handelt, die erwiesenermaßen noch viel bunter als Spezieskreuzungen spalten. Außerdem sind eine sehr große Anzahl anderer Faktoren zu berücksichtigen, so daß man von vornherein feststellen muß, daß nur bei einem sehr umfangreichen F_2-Material Aussicht auf Erfolg besteht. Teilweise wird diese Ansicht auch schon in der Literatur geäußert, wie z. B. von *Baur*[12], *Kobel*[58] und *Negrul*[88]; nur ist es bisher aus technischen und wirtschaftlichen Gründen nicht möglich gewesen, die notwendige große Anzahl von F_2-Rebensämlingen heranzuziehen.

Das Rebenkernmaterial stammt in der Hauptsache von den Rebenpflanzen, die sich in den Versuchsanlagen der Lehr- und Forschungsanstalt in Geisenheim befinden. Vor allen Dingen trifft dies für die F_1 zu. Das Rebenmaterial, welches aus Selbstungen hervorgegangen ist, stammt zum Teil ebenfalls aus Geisenheim, aber auch im großen Umfange aus den Preußischen Rebenveredlungsanstalten, Weinbaudomänen und aus den Anlagen des Badischen Weinbauinstitutes in Freiburg.

Über die Systematik der Vitaceen ist kurz nach *Planchon* (1878) zu sagen, daß sie in zwei Untergattungen, nämlich in Muscadinia und Euvitis, eingeteilt werden. Zur Untergattung Muscadinia gehören die amerikanischen Arten V. rotundifolia, V. munsoniana. Die Untergattung Euvitis umfaßt die europäischen, asiatischen und amerikanischen Reben. Der Ampelologe *Andrasovsky*[36] kommt auf Grund seiner Untersuchungen zu der Ansicht, daß unsere Kulturrebe keineswegs einer einheitlichen Art oder Unterart angehört, sondern sich aus 5 gut und scharf gesonderten Arten und deren Bastarden zusammensetzt. Nach *Andrasovsky* sind in Mitteleuropa eine Art (Vitis allemanica), in Südeuropa eine weitere Art (Vitis mediterranea) und 3 andere Arten (Vitis antiquorum, byzantina und deliciosa) in Westasien heimisch. Höchstwahrscheinlich stammen nach meiner Ansicht unsere in Deutschland gebauten Kulturreben nicht von der hier vorkommenden Wildrebe, Vitis silvestris, und den amerikanischen Wildreben ab. Wieweit diese Ansicht, die durch morphologische Beobachtungen begründet ist, genetisch von Bedeutung wird, müssen erst spätere Versuche beweisen. Bewiesen ist jedenfalls, daß alle Kreuzungen, die innerhalb der Untergattung Euvitis bis heute ausgeführt wurden, geglückt sind und fruchtbare Bastarde ergaben. Diese Tatsache ist für das gesteckte Zuchtziel von ausschlaggebender Bedeutung. Über die Kreuzungen der Untergattungen Euvitis und Muscadinia untereinander machte *Seeliger*[108] Literaturangaben, die ich jedoch an dieser Stelle unberücksichtigt lassen will.

Zur Technik der Kreuzung ist zu bemerken, daß wir im Gegensatz zu *Seeliger* meistenteils frischen Pollen für die Kreuzungen verwandten, da wir mit präpariertem bzw. im Exsiccator aufbewahrten Pollen hinsichtlich des Ansatzes keine günstigen Erfahrungen machten. Da man durch Zurückschneiden der Rebstöcke oder auch durch bestimmte Erziehung in mehr oder weniger warmen Häusern bzw. Gegenden die Blütezeit beeinflussen kann, macht die einwandfreie, der Narbenreife angepaßte Pollengewinnung keine Schwierigkeiten. Hauptbedingung ist, daß die Kastration rechtzeitig erfolgt, so daß dabei keine ungewollte Selbstbestäubung eintritt, und daß die kastrierten Gescheine einwandfrei durch Pergaminbeutel (nicht Gazebeutel, da diese infolge ihrer porösen Beschaffenheit fremden Pollen durchlassen) gegen Fremdbestäubung geschützt sind. Ursprünglich wurden die Kreuzungen im Rebensortiment bzw. in den Rebenversuchsanlagen in Geisenheim im freien Gelände durchgeführt. In Zukunft wird jedoch danach getrachtet werden, um sichere, einwandfreie Kreuzungsergebnisse zu bekommen, die Pflanzen, die für Kreuzungsversuche bestimmt sind, im Topf zu kultivieren. Schwierigkeiten hinsichtlich des Wetters und der Geschlechtsreife der Gescheine können dann noch leichter überwunden werden.

In Verbindung mit den Kreuzungsarbeiten wirft sich immer wieder die Frage auf, ob unsere Reben in der Nachkommenschaft bei Selbstbefruchtung Inzuchterscheinungen aufweisen. *Baur* empfahl 1914, um die Inzucht auszuschalten, Bastarde nicht zu selbsten, sondern zwei Bastarde der F_1-Generation untereinander zu kreuzen. Voraussetzung für diesen Ratschlag war jedoch die Annahme, daß unsere Reben allogam sind. Dies trifft jedoch nicht durchweg für alle Rebensorten zu. Die wilden Reben sind meist diöcisch. Unsere Kulturreben dagegen gehören zu der Gruppe, die monöcisch ist, d. h. sie haben entweder zwittrige oder funktionell weibliche Blüten. Jedoch sind nach *Baranov*[6] die zwittrigen Blüten keine Errungenschaft der Kultur, denn auch die typisch wilden Reben weisen zwittrige Blüten auf. Man kann wohl heute unsere Reben mit *Baranov* nach folgendem Blütenbauschema einteilen:

1. morphologisch und funktionell männliche Blüten,
2. morphologisch zwittrige Blüten,
    a) funktionell zwittrige,
    b) funktionell weibliche.

Es ist bei unseren zwittrigen Reben anzunehmen, daß beim Abwerfen ihrer Haube (Blumenkrone) — diese Haube bildet das charakteristische Gattungsmerkmal für Vitis — die Selbstbestäubung (Kleistogamie) bereits vollzogen ist. Pflanzen, die sich selbst bestäuben, leiden bei einer erzwungenen Selbstung auch nicht unter Inzuchterscheinungen. So zeigen auch meine Selbstungsversuche, z. B. die Nachkommenschaften aus Selbstungen von Rheinriesling, Moselriesling, Silvaner und Müller-Thurgau, die für andere Versuche im großen Maßstabe in Müncheberg aufgeschult worden sind, keine Inzuchterscheinungen. Vielmehr spalten unansehnliche „Zwerge", „Starkwüchsige" und „Schlechtblühende" heraus, deren Auftreten, aus anderen Experimenten bekannt, aber nicht als Inzuchtwirkung zu bezeichnen, sondern faktoriell bedingt ist.

Bei den Kreuzungen Amerikanerreben $\times$ Europäerreben und umgekehrt tritt eine Wachstumssteigerung bei den F_1-Pflanzen auf, die ich auf Heterosiswirkung zurückführe. Eine Inzuchtwirkung bei der Selbstung der F_1, die aus Kreuzungen Amerikaner- $\times$ Europäerreben stammen, ist mir ebenfalls bisher nicht aufgefallen. *Ziegler*[126] und *Seeliger*[108] berichten allerdings auf Grund von Beobachtungen an einer kleineren Pflanzenanzahl über geringere Wüchsigkeit, verminderte Blühfähigkeit und verringerte Fruchtbarkeit bei erzwungener Selbstbestäubung bei Reben. Erklärlich ist es, daß Pflanzen, die aus Kreuzungen hervorgehen, sei es nun aus Europäern $\times$ Europäern, Amerikanern $\times$ Amerikanern, oder gar Artkreuzungen, wie aus Amerikanern $\times$ Europäern und den reziproken Kreuzungen, infolge der Heterosiswirkung und durch das gehäufte Auftreten der dominanten Faktoren wüchsiger sein werden als bei Selbstungen der genannten Arten. Versuche in dieser Richtung sind in Müncheberg durchgeführt worden. Wie aus Abb. 4 zu ersehen ist, unterscheiden sich von den dort abgebildeten Sämlingen durch kräftigen Wuchs nur die Nachkommenschaft der Kreuzung Silvaner (Selekt. Nr. 595) $\times$ Rup. St. Georg. Andere Gescheine der gleichen Mutterpflanze Silvaner (Selekt. Nr. 595) wurden geselbstet, d. h. durch Einbeutelung zur Selbstbestäubung gezwungen, während andere Gescheine dieser Pflanze sich selbst überlassen blieben, d. h. frei abblühten. Die Nachkommenschaften dieser beiden Gruppen zeigen im Wuchs und Habitus keinen Unterschied, wie aus umstehender Abbildung deutlich zu ersehen ist. Aus dem Verhalten der drei genannten Nachkommenschaften ist zu schließen, daß die Gruppe der Kreuzungssämlinge durch die Heterosiswirkung und die Amerikaner-Wuchsfaktoren wüchsiger ist und daß Selbstung oder freies Abblühen auf die Wüchsigkeit dieser Nachkommenschaft keinen Einfluß hat. Die bisherigen Angaben über das Inzuchtproblem in der Literatur sind meines Erachtens infolge des geringen Materials und der verschiedenen Versuchsverhältnisse nicht als endgültig bewiesen anzusehen.

Über die Aussaat der Rebenkerne ist zu bemerken, daß diese je nach Ernte, d. h. nach Reife der Trauben, Herkunft und Jahrgang, eine ganz verschiedene Keimfähigkeit aufweisen, die je nach der Samenreife bis zu 100% beträgt. Vorbehandelte Samen keimen zweifellos

a   b   c

Abb. 4.   Sämlings-Nachkommenschaft einer Silvanerpflanze. a) Nach freiem Abblühen;
b) nach Selbstung; c) nach Kreuzung mit Rup. St. Georg.

besser und vor allen Dingen gleichmäßiger als nicht vorbehandelte. Aus diesem Grunde entschloß ich mich, in Müncheberg die Rebensamen durchweg ritzen zu lassen, d. h. mit Schmirgelpapier (Sandpapier) die Samenschale zu verletzen, um die Wasseraufnahme zu erleichtern. Weiter wurden die Rebensamen mit einer 0,2proz. Uspulunlösung gegen Schimmelbildung gebeizt.

Die Maßnahmen für die Aussaat sind kurz folgende: Die Samen bleiben in den Beeren; entweder läßt man die Beeren zu Rosinen eintrocknen oder besser, sie werden über Winter in Sand eingeschlagen. Auf jeden Fall muß vermieden werden, die Kerne bis zur Aussaat trocken aufzubewahren, weil die Keimfähigkeit sonst gemindert wird. Zum Aussaattermin werden die eingeschlagenen Samen durch Waschen bzw.

Reiben in lauwarmem Wasser von den Beerenrückständen getrennt. Die so gewonnenen Kerne werden nach oben genannter Vorbehandlung so lange vorgequollen, bis sich das Keimwürzelchen bemerkbar macht. In diesem Zustand wurden bei unseren ersten Versuchen die Kerne in Keimschalen, die unten mit Mistbeeterde und oben mit einer Sand-Torfmullmischung gefüllt waren, ausgesät (Abb. 5 und 6). Bei einer Temperatur von 30—35° keimten diese Samen in 6 bis 14 Tagen. Bei dieser Behandlung ist zu berücksichtigen, daß die Aussaat nicht zu flach vorgenommen wird, weil sonst bei dem Hervorbrechen der jungen Pflanzen aus dem Keimbett die Samenschale von den Kotyledonen nicht abgestreift wird. Sämlingspflanzen, denen diese Samenschale noch anhaftet, gehen später häufig zu-

Abb. 5. Auflaufende Sämlinge. ¼ natürliche Größe.

grunde. Deswegen werden die Samen mit einer 3—4 cm dicken Sandschicht bedeckt, was auch bei dem späteren Aufgang der Samen eine Schimmelbildung leichter verhindert. Nach der Aussaat müssen die keimenden Kerne bis zum Auflaufen feucht, die jungen Pflanzen aber trockener gehalten werden, weil sonst durch Keimlingsparasiten (Pythium) sehr große Verluste eintreten. Die Aussaat erfolgte, wie schon angedeutet, ursprünglich in Keimschalen. Nachdem die Rebenpflänzchen das 3. bzw. 4. Blatt aufwiesen, wurden sie in Pikier-

Abb. 6. 8 Tage alte Sämlinge. ⅕ natürl. Größe.

kästen und später in Mistbeete umgepflanzt. Bei dem großen Umfang unserer Versuche wurde die Aussaat auch unmittelbar in Pikierkästen vorgenommen (Abb. 7). Neuerdings sind wir auf Grund unserer Erfahrungen dazu übergegangen, überhaupt keine Keimschalen und Pikierkästen mehr zu verwenden, sondern die Aussaat direkt auf den Gewächshaustabletten vorzunehmen

Abb. 7. Aussaat in Pikierkästen.

Abb. 8. Aussaat direkt auf die Gewächshaustabletten.

Abb. 9. Querschnitt eines Saatbettes.

(Abb. 8). Zu diesem Zweck wird erst auf die Gewächshaustabletten Mistbeeterde in Höhe von etwa 5 cm gebracht, dann wird eine Sand-Torfmullmischung in Höhe von etwa 3 cm aufgetragen, darauf werden die vorbehandelten Kerne ausgesät und mit einer Sandschicht von etwa 4 cm abgedeckt. Dieses Keimbett (Abb. 9) wird auf 30—35° und hoher Feuchtigkeit bis zum Auflaufen der Rebenpflänzchen gehalten. Aus beigefügten Abb. 5—10 ist die Aussaatmethode in der Keimschale, im Pikierkasten, auf den Gewächshausstellagen und das Auflaufen der Sämlinge zu ersehen.

Abb. 10. Auflaufen der Rebensämlinge.

Keimblattanomalien, Chlorophylldefekte, Blattformverschiedenheiten, Sprödblättrigkeit usw. wurden entsprechend den Angaben von *Seeliger*[108] häufig gefunden. Diese Erscheinungen sind jedoch nicht weiter verfolgt worden.

Über die Anzucht ist zu sagen, daß die Rebenpflänzchen für ein mehrfaches Pikieren bzw. Umpflanzen dankbar sind. Die Rebe läßt sich sonst nur widerwillig verpflanzen, weil sie sehr gern ihre Wurzeln schnell in die Breite und Tiefe schickt. Werden aber die Sämlinge durch Topfkultur zur Ballenbildung angehalten, so ist ein Umpflanzen leicht und ohne Nachteil möglich. Im Versuchsjahr 1929 sind die pikierten Pflanzen in Töpfe verpflanzt worden. Neuerdings bleiben die jungen Rebensämlinge im Keimbett stehen (Abb. 10), werden künstlich mit

Plasmopara infiziert, und die immunen werden später, d. h. nach etwa 4—6 Wochen, vom Aufgang her gerechnet, in Mistbeete ausgepflanzt, dort herangezogen und mehrmals auf ihre Immunität geprüft. Im nächsten Vegetationsjahr wird diese Prüfung an den inzwischen eingetopften Pflanzen fortgesetzt. Bei dieser Methode fällt die Mehrzahl der Sämlinge sehr zeitig aus, d. h. sie gehen an der künstlichen Plasmoparainfektion im frühen Stadium zugrunde, und es brauchen nur einige wenige, die anscheinend immun sind, in Mistbeeten herangezogen zu werden. Durch diese Auslese im Jugendstadium wird sehr viel Arbeit, Gelände und Zeit gespart. In Verbindung mit dem künstlichen Infektionsverfahren ist es erst möglich geworden, die große Anzahl der Rebensämlinge zu verarbeiten, über die später berichtet wird und die notwendig verarbeitet werden müssen, wenn aus dem F_2-Material in verhältnismäßig kurzer Zeit brauchbare Typen gewonnen werden sollen. Die Tatsache, daß die jungen Rebensämlinge sich außerordentlich gut infizieren lassen, sei hier bei der Anzuchtsmethodik hervorgehoben. Diese Feststellung konnte ich nach einem mißglückten Drillversuch machen, bei dem die Rebenkerne direkt in Frühbeete ausgesät wurden. Sämlinge aus diesem Versuch zeigt Abb. 11.

Abb. 11. Widerstandsfähiger und anfälliger Rebensämling, etwa 10 Tage alt.

Ziegler[126] hat festgestellt, daß die Anfälligkeit gegen Plasmopara mit zunehmendem Alter der Sämlinge abnimmt, und warnt aus diesem Grunde vor einer zu frühen Selektion. Ich bin jedoch der Ansicht, daß eine starke Selektion in diesem Falle günstig ist, denn wir wissen, daß der Plasmoparabefall je nach Jahr und Gegend verschieden schwer ist. Treten nun schwere Plasmoparajahre auf, so würden später die Reben, die verhältnismäßig schwach immun sind, befallen werden. Aus diesem Grunde wird hinsichtlich der Plasmoparawiderstandsfähigkeit ein höherer Maßstab angelegt. Es wäre weiter wünschenswert, wenn die jungen Rebenpflanzen, ähnlich wie bei dieser Plasmoparaimmunitätsselektion auf Reblausimmunität vorselektioniert werden könnten. Diese Anregung ist schon mit den zuständigen Stellen im Deutschen Reich besprochen worden. Es werden bereits Vorversuche in dieser Richtung von Herrn Oberregierungsrat Dr. *Börner* in Naumburg angestellt. Wie sich die Pflanzen gegen die künstliche Plasmoparainfektion verhalten, sei in einem nachfolgenden Abschnitt beschrieben.

2. Aufspaltungsversuche.

Genetische Untersuchungen von Reben sind von *Rasmuson*[94, 95], *Müller-Thurgau*[82–83], *Kobel*[83] und *Seeliger*[108] gemacht worden.

Rasmuson hat im Sommer 1912 in Ulmenweiler b. Metz an seinem Material und am Material von Ökonomierat *Wanner*, soweit es blühfähig war, Untersuchungen durchgeführt. Dabei stellte *Rasmuson*[95] fest, daß bei Vitis eine Albomaculataform, ähnlich wie bei Mirabilis, vorkommt, jedoch scheint diese Buntblättrigkeit sich anders zu vererben als bei Mirabilis. Es hat nach den Untersuchungen von *Rasmuson* den Anschein, als ob eine Aufspaltung von 1 : 3 stattfindet, d. h. ein buntblättriger Sämling kommt auf drei grünblättrige. Weiter gibt *Rasmuson* Aufspaltungsverhältnisse für die Herbstblattverfärbung an. So liegt nach seinem Material bei Riparia $\times$ Gamay eine monohybride Spaltung von 3 : 1 vor, wobei die rote Laubverfärbung über die gelbe dominiert. Er gibt hierfür folgendes Spaltungsschema an:

$$P \qquad \text{Riparia} \times \text{Gamay}$$
$$\text{rr (gelb)} \quad \text{Rr (rot)}$$

$$F_1 \qquad \text{Nr. 595} \qquad \text{Nr. 604}$$
$$\text{Rr (rot)} \qquad \text{rr (gelb)}$$

$$F_2 \quad \text{3 rot} \quad : \quad \text{1 gelb}$$
$$\text{RR Rr Rr} \qquad \text{rr}$$

Die Gamayrebe ist also hinsichtlich der Herbstverfärbung heterozygotisch, was am F_1 an der Beerenfarbe nicht erkannt werden kann, weil Riparia ebenfalls blaue Beeren hat. Weiter macht *Rasmuson* noch Angaben über die Stielbuchtvererbung und über Vererbung der Immunität gegen die „Lothringer" Gallenlaus. Bei der Stielbuchtvererbung kommt er infolge der komplizierten Spaltungsverhältnisse zu keinem Ergebnis. Bei der Immunität gegen die „Lothringer" Gallenlaus stellt er fest, daß diese dominant ist und wahrscheinlich auf zwei Faktoren beruht.

Eine Spaltung von dihybridem Charakter fand *Kobel*[83] bei der Frühjahrsverfärbung der austreibenden Knospen oben genannter Bastarde. Die austreibenden Knospen der Reben zeigen im Frühjahr eine erblich bedingte Verfärbung. Die Gamaysorte hat violettrote und die Ripariasorte bronzebraune Austriebsknospen. Die F_1-Bastarde zeigen rotbraune Knospenfärbung und bei den F_2-Pflanzen fand man bei 234 Pflanzen, die zur Beobachtung herangezogen wurden, eine Aufspaltung von 140 rotbraunen, 46 reinbraunen, 37 violett-roten und 11 grünen. Dieses Spaltungsverhältnis von 9 : 3 : 3 : 1 zeigt deutlich, daß die Nachkommenschaften derartiger Bastarde nach dem Mendel-Schema spalten.

Weiter haben sich *Müller-Thurgau* und *Kobel*[83] mit der Vererbung des Geschlechts, mit der Vererbung der Parthenokarpie, Vererbung der Beerenfarbe, Vererbung der Beerenform und Beerengröße, ferner mit der Vererbung der Traubengröße, Traubenform, Dichte der Traube und Beschaffenheit des Saftes befaßt. Außerdem werden Angaben über die Vererbung der Reifezeit, Fruchtbarkeit des Knotens, der Vererbung der Blattform, der Behaarung und der Rankenstellung gemacht. Die Vererbung der Buntblättrigkeit und die Vererbung der Bildung von tauben Samen wird ebenfalls erörtert. Zur Annahme von Erbfaktoren führen die Untersuchungen über Vererbung des Geschlechtes, über Herbstverfärbung, über Fruchtbarkeit des Knotens, über Farbe des Austriebes, über Vererbung der Buntblättrigkeit und über Bildung von tauben Samen.

Seeliger[108] beschäftigt sich mit der Vererbung der Triebspitzen, da diese als ampelographisches Merkmal sehr oft Verwendung gefunden haben, und kommt zu der Überzeugung, daß man den Gesamttyp der Triebspitze nicht für Vererbungsexperimente verwenden kann, weil am Zustandekommen des Triebspitzenbildes verschiedene Einzelmerkmale, wie Knospenanlage der Blätter, Krümmung der Blattstiele, Entfaltungsgeschwindigkeit der Blätter usw. eine große Rolle spielen. Zusammenfassend kommt *Seeliger* zu dem Ergebnis, daß die Triebspitzen intermediär vererbt werden, mit einigen Abweichungen je nach den elterlichen Typen. Es werden dann Beobachtungen über Vererbung der Achsenform und des Rankentyps mitgeteilt. Weiter geht *Seeliger* auf die Vererbung der Behaarung bei den verschiedenen Kreuzungen ein. Außerdem sind hinsichtlich des Erbganges Beobachtungen an Blattform, Blütenstand und Blüte, Traube und Beere, Farbe der Beere, Farbe des Beerensaftes, Herbstspeichertätigkeit im Laubblatt mitgeteilt. Die Untersuchungen führen nicht zur endgültigen Festlegung von Erbfaktoren, weil im Durchschnitt die Pflanzenanzahl der einzelnen Spaltungsgruppen infolge der vielen Faktoren zu klein ist.

Ferner beobachtete *Seeliger*[108] 1924 die Plasmoparawiderstandsfähigkeit und stellte fest, daß alle untersuchten Arten der Gattung Euvitis plasmoparaanfällig sind. Der Grad der Anfälligkeit bzw. die Wechselwirkung zwischen Wirt und Parasit war verschieden. Als Ergebnis kann noch verzeichnet werden, daß die Kreuzung Amerikaner- × Amerikanerreben ähnliche Befallsklassen zeigte wie die amerikanischen Arten und Varietäten der Vitiskreuzungen. Bei den Europäer- × Amerikanerkreuzungen ist die Mehrzahl der Pflanzen anfällig. *Seeliger* kommt auf Grund seines Materials und seiner Beobachtungen zu der Annahme, daß die Plasmoparawiderstandsfähigkeit auf drei gleichsinnig wirkenden Faktoren beruhen dürfte. Er will diese Feststellung als Arbeitshypothese, die noch bestätigt werden muß, betrachtet wissen. Das Spaltungsbild ist typisch für polymere Merkmale.

Müller-Thurgau und *Kobel* stellen ebenfalls verschiedene Befallsgrade fest und weisen darauf hin, daß aus der F_1 selten brauchbare Typen herausspalten und daß man mit der Heranzucht von F_2, F_3 oder sogar F_n-Generationen weiter kommen dürfte, eine Ansicht, die ich ebenfalls vertrete, und nach der, wie nachfolgend zu ersehen ist, gearbeitet worden ist. Zur Annahme von Erbfaktoren über die Plasmoparawiderstandsfähigkeit kommen *Müller-Thurgau* und *Kobel* nicht.

Spaltungsergebnisse sind verhältnismäßig schwer zu deuten, weil einmal das Ausgangsmaterial nicht immer gut bekannt ist, und zum anderen die Reben stark heterozygotisch sind. Stellen wir z. B. eine F_1 her, so spaltet diese bereits ziemlich stark. Man hat sich diese Spaltungserscheinung schon früher zunutze gemacht, und hat aus dem F_1-Material, wie z. B. *Blankenhorn*, *Couderc* und *Oberlin*, brauchbare Kulturtypen herauszuselektionieren versucht.

Um der Frage der genetischen Beschaffenheit der Reben nachzugehen, sind in Müncheberg auch Selbstungs- bzw. Aufspaltungsversuche an Europäer- und Amerikanerreben durchgeführt worden. Dabei hat sich herausgestellt, daß unsere zwittrigen Amerikanerreben bei Selbstbestäubung und nach freiem Abblühen sehr stark spalten. Die scheinzwittrigen (♀—⚥) sind bei Selbstung steril und spalten nach freiem Abblühen infolge der Fremdbestäubung sehr stark. Selbst der männliche Scheinzwitter Rip. ✕ Rup. 15 G (♂—⚥) spaltet im Habitus der Nachkommenschaft, sobald durch gelegentliche Ausbildung eines befruchtungsfähigen Fruchtknotens Samen auftreten. Man kann unter den Amerikanernachkommenschaften z. B. Amerikanertypen und europäerähnliche Typen unterscheiden. Am allerhäufigsten kommen aber Übergangsformen vor. Diese Feststellung bezieht sich nicht nur auf Blattfarbe, Blattform, Triebspitze und Wuchs, sondern gerade auch auf Anfälligkeit gegen Plasmopara. Die Aufspaltungen der einzelnen Sorten verhalten sich verschieden. So spalten die weiblichen Scheinzwitter hinsichtlich des Blatt- und Wuchstyps infolge der Fremdbestäubung stärker. Einheitlicher im Blattyp dagegen ist die genannte Riparia ✕ Rupestris 15 G. Trotzdem aber wirkt die Gesamtzahl der Pflanzen ebenfalls recht bunt. Um eine Vorstellung und einen Vergleich von der Aufspaltung der Blattypen zu geben, seien beifolgend einige Blätter der F_2-Nachkommenschaft der geselbsteten Rip. ✕ Rup. 88 G (♀—⚥) und der Rip. ✕ Rup. 15 G, die infolge ihrer männlichen Scheinzwittrigkeit höchstwahrscheinlich ebenfalls selbstbestäubt worden ist (Abb. 12 und 13, abgebildet). Dabei sind nur die Haupttypen ausgewählt, die die fließenden Formenübergänge veranschaulichen. Die Spaltung ist so bunt, daß kaum eine Pflanze der anderen gleicht. Es ist anzunehmen, daß ein großer Teil der heutigen Amerikanerreben, mit denen wir experimentieren, aus spontanen Kreuzungen mit Europäerreben hervorgegangen ist. Schon *Oberlin* und auch *Goethe* müssen Ende der 80er Jahre dies unbewußt festgestellt haben, denn aus den Amerikaner-sämlingen selektionierten sie verschiedene Typen heraus, die sie mit verschiedenen Stammnummern bezeichneten. So ist es dann auch zu erklären, daß bei Kreuzungen mit diesen Amerikanern ganz verschiedene F_1-Typen zu erwarten sind (Abb. 14 u. 15). Es seien derartige Typen benannt und einige abgebildet: Trollinger × Riparia 48 G, Trol-

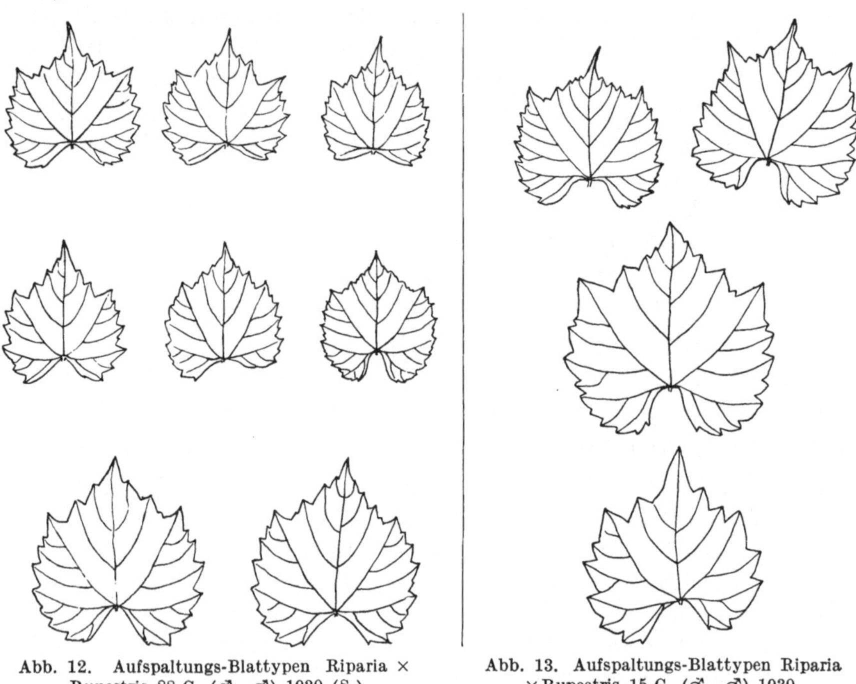

Abb. 12. Aufspaltungs-Blattypen Riparia × Rupestris 88 G. (♂ – ♂) 1930 (S.). ¹/₃ natürliche Größe.

Abb. 13. Aufspaltungs-Blattypen Riparia × Rupestris 15 G. (♂ – ♂) 1930. ¹/₃ natürliche Größe.

linger × Riparia 110 G, Trollinger × Riparia 111 G (Abb. 14), Trollinger × Riparia 209 G (Abb. 15). Diese F_1-Pflanzen stehen u. a. in Müncheberg, um Aufspaltungstastversuche damit anzustellen, d. h. um festzustellen, ob die F_2-Pflanzen für die Plasmoparauntersuchungen als geeignet betrachtet werden können. Dabei hat sich herausgestellt, daß alle F_1-Typen bei künstlicher Infektion plasmoparaanfällig sind. Die Nachkommenschaften dieser F_1 wurden ebenfalls auf die Widerstandsfähigkeit gegen Plasmopara geprüft, und es zeigte sich bei der ersten Prüfung im Jahre 1931, daß für die Aufspaltungsversuche u. a. Trollinger × Riparia 111 G, die allerdings auf Fremdbestäubung angewiesen ist, in Betracht kommt. Diese Versuche sind noch nicht zum Abschluß gebracht, weil sie erst an durchschnittlich 100 Sämlingen je F_1-Pflanze angestellt werden konnten. Daher wird der gleiche Versuch an einem größeren F_2-Material wiederholt werden.

Meine Hauptversuche, d. h. F_2-Aufspaltungsversuche, sind seit 1929 mit den Bastarden Mourvèdre × Rupestris 1202 Couderc und Gamay × Riparia 595 Oberlin durchgeführt worden. Außerdem sind seit 1932 Versuche mit Aramon × Riparia 143 B. M. G. im Gange, über die später berichtet wird.

Wir bezogen im Herbst 1929 zur Großaufspaltung aus Geisenheim, Obernhof, Tiefenbach und Naumburg insgesamt etwa 1000 kg Trau

Abb. 14.

ben bzw. Trestermaterial von der Sorte Mourvèdre × Rupestris 1202 C, die zur Schnittholzgewinnung für Unterlagen im größeren Maßstabe im deutschen Weinbaugebiet angebaut wird. Es wurden im Jahre 1930

550 000, im Jahre 1931 etwa 450 000 und im Jahre 1932 etwa 1 300 000 F_2-Samen nach der vorher geschilderten Methode ausgesät. Da diese Versuche hauptsächlich zur Selektion der plasmoparaimmunen Sämlinge gemacht wurden, sind an dem Gesamtmaterial genetische Untersuchungen nur nebenher zur Durchführung gelangt. Jedoch sind

Abb. 15.

ohne Plasmoparaselektion etwa 10000 Sämlinge aufgeschult worden, um daran die Aufspaltungsrichtung zu beobachten. Eine Beutelung des ungeheuren F_1-Materials konnte aus finanziellen Gründen nicht durchgeführt werden. Vielmehr wurde eine Selbstbestäubung als gegeben angenommen. Bei der Blütenbildung der Sorte Mourvèdre × Rupestris 1202 ist die Annahme wohl auch gerechtfertigt, denn es sind die Antheren und das Gynaeceum gut ausgebildet. Mit dem Abfallen der Kronenblätter hat zweifellos die Selbstbestäubung stattgefunden. Auch setzt der F_1-er Mourvèdre × Rupestris bei Beutelung gut an. Sollte nun durch irgendeinen Zufall einmal Fremdbestäubung eintreten oder durch Mutation eine Blüte physiologisch weiblichen Typs, wie sie *Baranow*[6] z. B. für eine Mourvèdrepflanze beschreibt, auftreten und damit auf Fremdbestäubung angewiesen sein, so spielen diese Ausnahmefälle für den Gesamtversuch keine Rolle. Aus den später angegebenen Spaltungszahlen der Mourvèdre × Rupestris 1202 ist auch zu ersehen, daß eine Fremdbestäubung wohl kaum stattgefunden haben kann.

Um in Zukunft die später angegebenen Spaltungszahlen nachprüfen zu können, werden ab 1932 Beutelungen mit allen Sorten, die in Müncheberg zur Großaufspaltung gelangen, durchgeführt werden.

Die Sorte Mourvèdre liefert Keltertrauben und kommt in Spanien und Südfrankreich vor. Das Wachstum ist nach *Dümmler*[31] kräftig, das Holz dunkelbraun, die Blätter sind mittelgroß, wenig eingeschnitten, oberseitlich dunkelgrün und auf der Blattunterseite stark wollig. Die Blätter verfärben sich im Herbst rot. Die Triebspitzen sind wollig und die Trauben mittelgroß, ziemlich dichtbeerig und blau, die Fruchtbarkeit ist groß. Diese Sorte ist von *Couderc-Aubenas* wahrscheinlich mit der amerikanischen Sorte Rupestris du Lot vor etwa 50 Jahren gekreuzt worden.

Das Wachstum der Rupestris ist mittelkräftig, buschig, die Vegetation dauert bis in den späten Herbst hinein, wodurch ihr Holz sehr häufig schlecht ausreift. Das ausgewachsene Blatt ist herz- bis nierenförmig, gewellt und pergamentartig. Die Herbstfarbe ist gelb. Die Blattnerven heben sich wenig ab, der Blattstiel ist ziemlich kurz, die Triebspitze ist geneigt, die Blüte ist männlich. Die Rupestris du Lot ist widerstandsfähig gegen Reblaus und Plasmopara. Aus der Kreuzung dieser beiden Sorten ging u. a. der F_1-Bastard Mourvèdre × Rupestris 1202 C hervor, der sich durch kräftigen Wuchs auszeichnet und ähnlich wie die Rupestris infolge zahlreicher Geiztriebe buschartig wächst. Das Blatt ist mittelgroß, dunkelgrün, glatt und pergamentartig. Der Blattstiel ist mittellang. Die Blattzähne sind scharf und gezackt. Die Triebspitze ähnelt der der Vinifera-Sorte. Die Blüte ist zwittrig, die Trauben sind sehr zahlreich, kleinbeerig und schwarz. Der F_1-Bastard leidet unter Plasmopara, Melanose und Oidium; gegen Reblaus ist er praktisch immun. Die F_2 dieses Bastardes spaltet außerordentlich bunt.

Die Spaltung erfolgt z. B. in der Herbstverfärbung, Blattform und Blattbeschaffenheit, im Wuchstyp, wie z. B. Rupestristyp, in der Internodienlänge usw. Unter Hunderttausenden von F_2-Pflanzen sind kaum 2 gleiche zu finden, jedoch lassen sich bestimmte Eigenschaften des öfteren wieder erkennen. Beobachtet wurde in Müncheberg die Vererbung der Triebspitzenhaltung, am Blatt die Vererbung der Stielbucht, Bezahnung, Lappenbildung, Herbstverfärbung und Erhabenheit der Blattnerven, ferner die Vererbung der Neigung zu verzweigtem Wuchs. Für diesen Zweck sind die bereits erwähnten 10000 Pflanzen herangezogen und aufgeschult, die nicht der künstlichen Plasmoparainfektion unterworfen wurden, um eine Selektionsrichtung durch Plasmoparaverluste zu vermeiden.

Vererbung der Herbstverfärbung bei der Mourvèdre × Rupestris 1202 C.

Zu diesen Beobachtungen wurden von den 10000 aufgeschulten Pflanzen etwa 3000 herangezogen, dabei wurde darauf geachtet, daß in dieser Anzahl alle Typen (Querschnitt) vorhanden waren. Insgesamt wurden 2935 Pflanzen auf ihre Herbstverfärbung untersucht. Es stellte sich bei oberflächlicher Betrachtung heraus, daß der größte Teil dieser Pflanzen rot verfärbt, und daß die rote Verfärbung nicht einheitlich ist. Die endgültige Feststellung der Herbstfarbe macht Schwierigkeiten, weil man häufig nicht Gewißheit darüber hat, ob das Blatt erst im Anfangsstadium der Verfärbung steht oder ob der Verfärbungsprozeß des Blattes bereits vollendet ist. Ohne Rücksicht auf diese Bedenken wurden die Herbstblätter auf rot, schwach-rot und gelb geprüft und sortiert. Von 2935 Pflanzen waren 705 rot, 1550 schwach-rot und 680 gelb. Diese Zahlenverhältnisse lassen zweifellos auf eine monohybride Spaltung schließen. Demnach vererbt sich bei der Mourvèdre × Rupestris 1202 C die Herbstrotfärbung intermediär. Nachfolgendes Schema veranschaulicht den Erbgang:

P. . . . . Mourvèdre × Rupestris
RR (rot)   rr (gelb)

F_1   1202
Rr (schwach-rot)

F_2 Phänotypen	rot	schwach-rot	gelb
Erbformel	RR	Rr rR	rr
Gefundene Zahlen	705 D/m 1,227	1550 D/m 3,044	680 D/m 2,29
Errechnete Zahlen	733,75	1467,50	733,75

Dieser Versuch wurde an 913 anderen F_2-Pflanzen, die zur genaueren Beobachtung über die Herbstverfärbung im Gewächshaus eingetopft standen, wiederholt. Dabei wurden 250 rote Pflanzen, 488 schwach-rote und 175 gelbe gefunden. Auch dieses Spaltungsergebnis entspricht der Annahme einer intermediären monohybriden Mendel-Spaltung.

44 B. Husfeld:

F₂-Spaltung der Herbstverfärbung der Mourvèdre × Rupestris 1202 C.

Phänotypen	rot	schwach-rot	gelb
Erbformel	RR	Rr rR	rr
Gefundene Zahlen	250 D/m 1,661	488 D/m 2,085	175 D/m 2,408
Errechnete Zahlen	228,25	456,50	228,25

Auffallend ist, daß bei beiden Zählungen weniger gelbverfärbende Pflanzen gefunden wurden. Dies ist wohl damit zu erklären, daß dieser Pflanzentyp nicht so lebensfähig ist wie der Anthocyan ausbildende, eine Beobachtung, die bei Erbversuchen mit Löwenmäulchen ebenfalls gemacht werden konnte.

Vererbung der Triebspitzenhaltung bei der F₂-Mourvèdre × Rupestris 1202 C.

Untersucht wurden 849 Pflanzen. Dabei stellte sich heraus, daß die Mehrzahl der F_2-Pflanzen aufrechtstehende Triebspitzen zeigt. Es wurden 40 Pflanzen mit nickender Triebspitze, 155 mit etwas nickender Triebspitze und weiter Pflanzen mit etwas aufrechtstehender Triebspitze gefunden, die sich von der Gruppe mit absolut aufrechtstehender Triebspitze nicht trennen ließen. Diese Doppelgruppe zählte 654 Pflanzen.

Phänotypen	Aufrecht-stehende Triebspitze	Etwas auf-rechtstehende Triebspitze	Etwas nickende Triebspitze	Nickende Triebspitze
Gefundene Zahlen . .	654 D/m 1,366		155 D/m 0,366	40 D/m 1,853
Errechnete Zahlen . .	636,72		159,18	53,06

Das Zahlenverhältnis spricht für die Spaltung von 9 : 3 : 3 : 1. Demnach würde die Vererbung der verschiedenen Haltung der Triebspitzen auf zwei Faktoren beruhen. Dieses Ergebnis möchte ich noch nicht als sicher betrachten und gebe deswegen keine Erbformel an.

Vererbung der Verzweigung bei der F₂-Mourvèdre × Rupestris 1202 C.

Für den Erbgang bei der Verzweigung wurden 965 Pflanzen beobachtet. Von diesen Pflanzen zeigten sich 700 als unverzweigt bis schwach verzweigt, 197 erwiesen sich als verzweigt und 68 waren stark verzweigt, entsprachen also dem Rupestris-Typ (Abb. 16 a—d). Wenn man wiederum wie oben annimmt, daß die unverzweigten und schwach verzweigten Typen bei der Auszählung nicht richtig getrennt werden konnten, so erscheint die Verzweigung ebenfalls durch 2 Faktoren bedingt.

Phänotypen	Unverzweigt	Schwach verzweigt	Verzweigt	Buschig
Gefundene Zahlen . .	700 D/m 1,765		197 D/m 1,322	68 D/m 1,027
Errechnete Zahlen . .	723,72		180,93	60,31

Jedoch muß diese Interpretation noch an größeren Zahlen nachgeprüft werden, ehe dieser Erbgang als sicher hingestellt werden kann.

Die anderen Beobachtungen über Rankenknoten, Wuchstyp, Stielbucht, Lappenbildung beim Blatt, Blattbezahnung, Blatt- und Stielbuchtform führen zu keinen klaren Spaltungszahlen. Wahrscheinlich
sind diese Erscheinungen durch eine ganze Reihe von Faktoren bedingt.
Bei der Stielbucht haben wir eine fließende Formenreihe von Stielbuchten mit etwa — 20° bis zur Stielbucht von etwa + 150°. Dabei
zeigte es sich, daß die Stielbuchten der Elternpflanzen in der Formen-

Abb. 16. Verzweigungstypen der F_2 Mourv. × Rup. 1202.   a) Unverzweigt; b) schwach verzweigt;
c) verzweigt; d) buschig.

reihe der F_2 in beiden Richtungen stark übertroffen werden. So hat
z. B. die Mourvèdre durchschnittlich eine Stielbucht von etwa + 80°
und die Rupestris eine Stielbucht von etwa + 90° und die extremen Typen,
die in der F_2 gefunden worden sind, weisen eine Stielbucht von etwa
— 20° bzw. + 150° auf. Um ein Bild der Mannigfaltigkeit dieser Stielbuchtformen zu geben, sind einige Typen abgebildet (Durchschnittstyp
je Pflanze) (Abb. 17).

Unabhängig von der Vererbung der Stielbuchtform finden wir eine
fließende Reihe der Blattformen. Man kann Blattformen ganz ähnlich
den Elternpflanzen finden, aber auch entsprechende Übergänge intermediärer Art sind ebenfalls häufig zu beobachten. Eine solche Blatt-

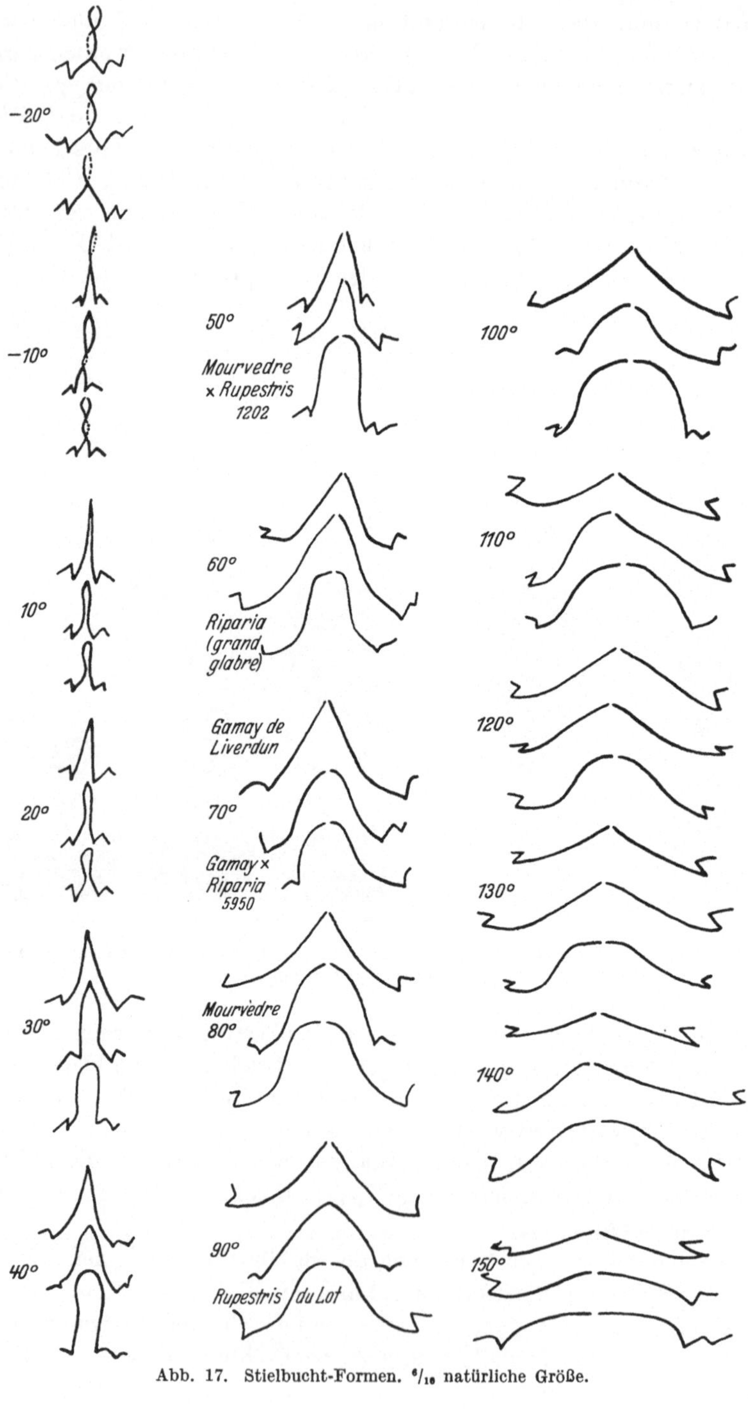

Abb. 17. Stielbucht-Formen. $^{6}/_{10}$ natürliche Größe.

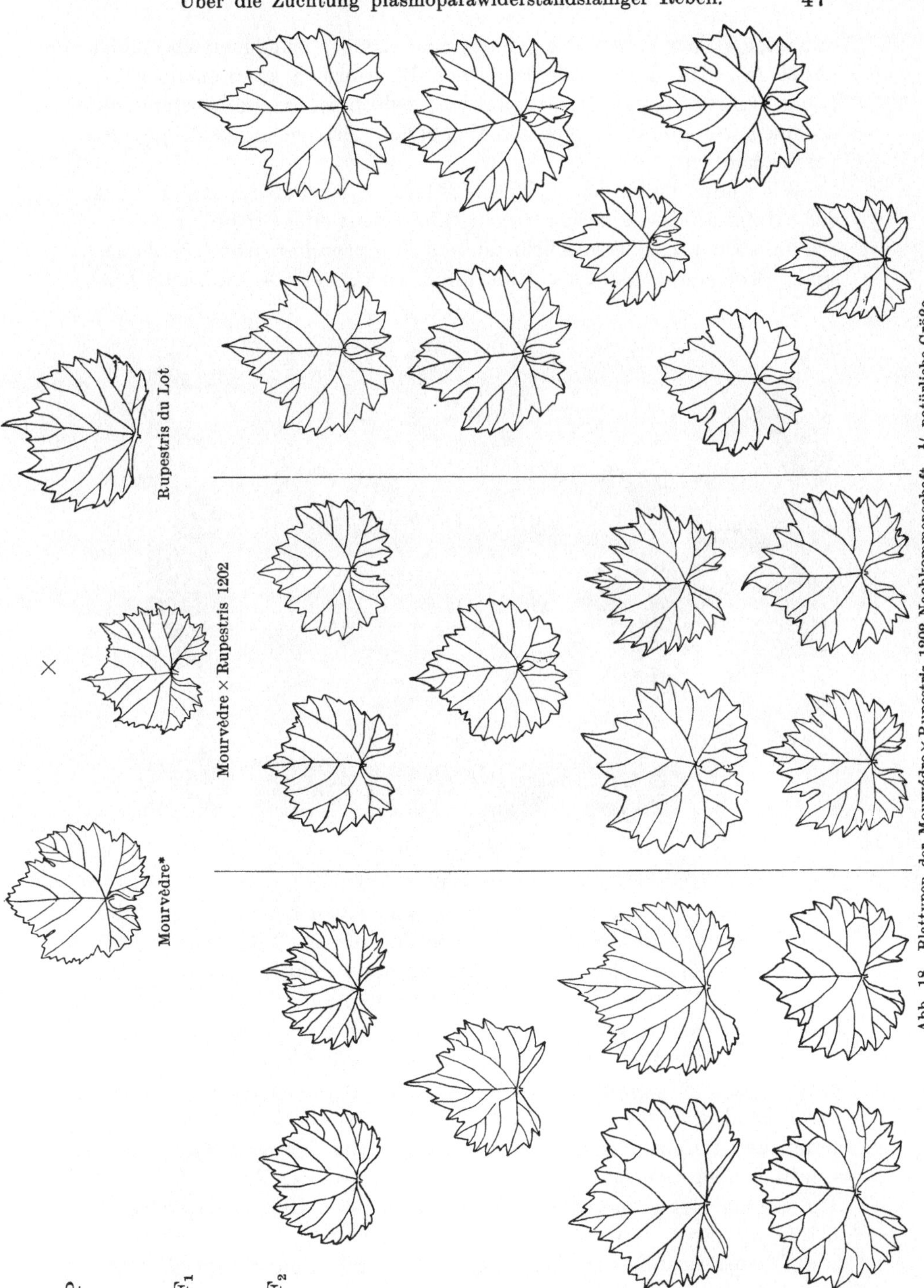

Abb. 18. Blattypen der Mourvèdre × Rupestris 1202-Nachkommenschaft. ¹/₃ natürliche Größe.

* *Korschinski*, Ampelographie der Krim.

reihe der F_2 der Mourvèdre × Rupestris 1202 ist beifolgend abgebildet (Abb. 18). Die dort wiedergegebenen Blattformen könnten noch beliebig ergänzt bzw. erweitert werden; jedoch ist davon Abstand genommen worden, weil schon die abgebildete Blattreihe das Mitgeteilte veranschaulicht.

Wir finden unter den F_2-Typen Pflanzen, die auf den ersten Blick den Habitus des amerikanischen Elter aufweisen (Abb. 19), und ebenfalls Pflanzen, die anscheinend dem Europäerelter (Abb. 20) ähnlich sind. Beobachtet man diese Einzelpflanzen genauer, so muß man fest-

Abb. 19. Amerikanertypen F_2 Mourv. × Rup. 1202.

stellen, daß viele Eigenschaften nicht dem einen oder anderen Elter entsprechen und daß nur irgendwelche augenfällige Eigenschaften die Pflanze der einen oder anderen Elterngruppe ähnlich machen. Man findet z. B. Pflanzen, die Europäerblattformen aufweisen, aber Amerikanerwuchs zeigen und umgekehrt. Man kann ebenfalls glänzende, pergamentartige Blätter (Rupestristyp) kombiniert mit Europäerblattform finden. Pflanzen mit derartigen Blättern machen einen sonderbaren Eindruck, denn unser Auge ist an das zusammenhängende Auftreten der Europäereigenschaften einerseits und der Amerikanereigenschaften andererseits gewöhnt, so daß die intermediären Formen (Abb. 21) uns wie verzerrt vorkommen. Alle nur denkbaren Eigenschaften lassen sich kombinieren — also werden auch Pflanzen mit Amerikanerhabitus und Europäertrauben zu finden sein — so daß es ganz unmöglich ist,

Abb. 20. Europäertypen F₂ Mourv. × Rup. 1202.

Abb. 21. Intermediäre Typen F₂ Mourv. × Rup. 1202.

im Rahmen dieser Arbeit jeden einzelnen Pflanzentyp zu beschreiben. Es seien aus diesem Grunde einige Typen wiedergegeben (Abb. 22 u. 23).

Wenn auf den einzelnen Bildern vermerkt ist, Amerikaner- bzw. Europäer-F_2-Typ, so soll damit nur angedeutet werden, daß die Pflanzen im Gesamthabitus dem genannten Typ ähneln. Man kann z. B. an den amerikanischen F_2-Typen Blätter mit Europäerstielbucht erkennen,

auch der Pflanzenwuchs bzw. die Verzweigung stellen verschiedene
Übergänge zwischen Europäer- und Amerikanertypen dar. Das gleiche
gilt auch für die Europäertypen und noch mehr für die intermediären
Typen. Interessant ist das Auftreten verschiedener Wuchsformen in
Verbindung mit verschiedenen Verzweigungstypen, die sich nicht immer
infolge ihrer Übergänge leicht voneinander trennen lassen. Bei diesen
Typen sind die Zwergformen besonders interessant. Diese Zwergformen,
wie auf beigefügter Abbildung (Abb. 23) teilweise zu ersehen ist, zeigen
ebenfalls verschiedene Blattformen, Blattbeschaffenheiten und Wuchs-

Abb. 22. Blattgrößentypen der F_2 Mourv. × Rup. 1202.

formen, so daß man selbst unter den Zwergformen fast alle Kombina-
tionen finden kann.   Alle Beobachtungen wurden an gleichaltrigem
Pflanzenmaterial gemacht.

Sehr häufig habe ich versucht, die geschilderten Typen in bestimmte
Gruppen einzureihen, jedoch sind alle Versuche infolge der Formen-
mannigfaltigkeit gescheitert. Es bleibt nur übrig, einzelne Faktoren
unabhängig von den anderen zu beobachten und daraus auf den Erbgang zu schließen, wie es oben bereits für die Faktoren für Herbstverfärbung, Haltung der Triebspitzen und Verzweigung geschehen ist.

Für die verschiedenen Eigenschaftsuntersuchungen kamen bis jetzt
nur Beobachtungen an den jungen ein- und zweijährigen Sämlingen in

Betracht. Blühreife Sämlingspflanzen sind zur Zeit wenig vorhanden, so daß Beobachtungen über Eintritt der Sämlingsblüte, Fruchtbarkeit, Traubenform, Farbe usw. erst später gemacht werden können. Weiter ist bei den genetischen Untersuchungen zu berücksichtigen, daß Sämlingspflanzen in ihrer Jugendentwicklung einen anderen Habitus haben als im Alter. So ändern sich z. B. die Stielbuchtformen der Blätter und die Blattformen. Durch spätere Versuche muß nun erst festgestellt werden, ob der Jugendhabitus in einer bestimmten Relation zu dem

Abb. 23. Wuchstypen der F_2 Mourv. × Rup. 1202.

der ausgewachsenen Pflanze stehen wird. Um dies später beurteilen zu können, ist, wie schon oben gesagt, die Aufschulung von etwa 10000 Pflanzen je F_2-Aufspaltung vorgenommen worden. Die jetzigen Beobachtungen an der F_2 von Mourvèdre × Rupestris 1202 C. sind im Jahre 1929/30 und 1931 durchgeführt worden. Die Versuche des Jahres 1932 bestätigen die Versuchsergebnisse der vorangegangenen Jahre.

Den Hauptversuch stellt die Prüfung der F_2-Pflanzen auf die Plasmoparaanfälligkeit dar. Im Jahre 1929/30 wurden die künstlichen Infek-

4*

tionsversuche an Pflanzen im Alter von 3—6 Monaten durchgeführt.
Dabei war es oft nicht leicht zu erkennen, welche Anfälligkeitsgrade die
einzelnen Pflanzen aufwiesen. So konnte z. B. eine Sämlingspflanze
schwach befallen sein, weil sie genetisch verhältnismäßig widerstandsfähig ist, weil sie spät infiziert wurde, weil sie durch Zufall verhältnismäßig wenig Infektionsbrühe abbekommen hatte oder weil durch irgendwelche Umstände schlechte Lebensbedingungen für die Plasmopara vorhanden waren und die Pflanze die Oberhand gewinnen, d. h. ausheilen
konnte. Diese Schwierigkeiten wurden dadurch ausgeschaltet, daß
erstens nicht für die Rebenpflanze, sondern für den Plasmoparaerreger
optimale Verhältnisse geschaffen wurden, und zweitens die anscheinend
widerstandsfähigen Pflanzen nach der Hauptprüfung noch mehrere
Male in Spezialprüfungen auf ihre Widerstandsfähigkeit gegen Plasmopara beobachtet wurden.

Die Infektionsversuche zeigten, daß es eine absolute Immunität bei
den Arten der Gattung Euvitis nicht gibt, daß aber verschiedene Ver-
treter der Amerikanerreben als praktisch immun angesprochen werden
können. Wie sich die praktische Immunität äußert, soll in einem nachfolgenden Abschnitt über das Verhalten der Reben bei künstlicher Plasmoparainfektion beschrieben werden. Hier will ich nur darauf hinweisen,
welche Zahlenverhältnisse die F_2 der Sorten Mourvèdre × Rupestris
1202 und Gamay × Riparia 595 bei den Infektionsversuchen ergeben
haben. Es wurden z. B. von der Mourvèdre × Rupestris 1202 im Jahre
1930 bei einer durchschnittlichen Keimfähigkeit von 60%

<pre>
        am 20. II. 1930 . . . . 255000 Kerne
        „ 11. III. 1930 109170   „
        „ 19. III. 1930   3900   „
        „ 31. III. 1930 200000   „
</pre>

ausgesät. Der Aufgang erfolgte je nach der Gewächshaustemperatur
innerhalb von 6—14 Tagen. Später wurden von diesen Pflanzen 100000
Pflanzen in Pikierkästen und 53600 in Mistbeete pikiert. Die erste
künstliche Infektion wurde am 30. VII. 1930 vorgenommen, und die
Plasmopara brach prompt am 10. VIII. hervor. Eine zweite Infektion
wurde in der Zeit vom 12. bis 21. VIII. vorgenommen, und die Plasmopara
brach daraufhin in der Zeit vom 18. bis 26. VIII. aus. Später wurde
bis zum 16. IX. alle 14 Tage künstlich infiziert. Von den ausgesäten
bzw. auspikierten Pflanzen blieben bis zum 21. X. 1930 1793 Pflanzen
als einigermaßen widerstandsfähig gegen Plasmopara übrig. Diese
Pflanzen sind nochmals im Jahre 1931 nachgeprüft worden. Dabei
stellte sich heraus, daß die Widerstandsfähigkeit von den 1767 Pflanzen
nur bei den wenigsten genügte. Es blieben nach achtfacher Wieder-
holung der künstlichen Infektion 31 Pflanzen als plasmoparawiderstandsfähig übrig. Man kann also einwandfrei feststellen, daß die Mourvèdre

$\times$ Rupestris 1202 sehr wenig widerstandsfähige Typen in der F_2-Nachkommenschaft liefert. Im Jahre 1931 wurden nochmals 450000 Kerne dieser Sorte in der Zeit vom 28. IV. bis 4. V. ausgesät. Aufgelaufen ist diese Aussaat am 15. V. Am 20. V. wurden die jungen Sämlinge bereits infiziert. Von diesem Gesamtmaterial blieben bisher 21 Pflanzen als anscheinend widerstandsfähig übrig. Es muß also festgestellt werden, daß ungefähr 1 Million F_2-Samen der Mourvèdre $\times$ Rupestris 1202, die im Jahre 1930 und 1931 ausgesät wurden, die teilweise als 3—6 Monate alte Pflanzen, teilweise als wenige Wochen alte Sämlinge infiziert worden waren, nicht mehr als rund 50 widerstandsfähige Pflanzen ergeben hat.

Aus diesem Versuch kann man schließen, daß die Mourvèdre $\times$ Rupestris 1202 zur Gewinnung von plasmoparaimmunen Rebensämlingen wenig geeignet ist, zumal die übrigbleibenden Sämlinge ihrem Habitus nach nicht sehr dem Europäertyp entsprechen. Wenn man nun bedenkt, daß unabhängig von der Plasmoparaimmunität alle anderen Eigenschaften ebenfalls spalten, so ist mit großer Sicherheit zu sagen, daß unter den 50 Pflanzen, die bis jetzt als widerstandsfähig bezeichnet werden können, kaum welche gefunden werden, die hinsichtlich der Traubenqualität und -quantität, der Wüchsigkeit usw. unseren Wünschen entsprechen. Irgendwelche Rückschlüsse auf den Erbgang der Plasmopara vermag ich aus dieser F_2 nicht zu ziehen. Sicherlich beruht die Widerstandsfähigkeit gegen Plasmopara auf einer großen Anzahl von gleichsinnig wirkenden Erbfaktoren. Dafür sprechen die verschiedenen Befallsgrade der einzelnen Sämlingspflanzen. Ob die Plasmoparawiderstandsfähigkeit recessiv vererbt wird, wie es bisher angenommen wurde, möchte ich ebenfalls auf Grund dieses Materials nicht endgültig beantworten. Die F_1-Pflanze war fast anfällig, und wenn sich die Plasmoparawiderstandsfähigkeit nach *Seeliger* durch 3 gleichsinnig wirkende Faktoren recessiv vererbt, dann hätten unter allen Umständen mehr immune Pflanzen in dieser großen F_2 gefunden werden müssen. Nach der gefundenen Anzahl der Immunen muß man annehmen, daß die wenigen Pflanzen die 12—14fachen recessiven darstellen und deshalb so selten sind, oder daß diese wenigen Pflanzen später noch als nichtwiderstandsfähig bezeichnet werden müssen, so daß aus der Mourvèdre $\times$ Rupestris 1202 bei diesen Zahlen keine Immunen herausmendeln. Wenn diese Annahmen sich durch spätere Versuche bestätigen sollten, wäre in Zukunft für die Züchtungsversuche der genetischen Beschaffenheit der Elternpflanzen und der Anzahl der F_2-Pflanzen erhöhte Aufmerksamkeit beizumessen. Da nun über die Genetik der Elternpflanzen, die zu dieser Kreuzung verwandt sind, nichts bekannt ist, lassen sich heute nicht mehr sichere Schlüsse über den Erbgang ziehen.

Aus dem Spaltungsergebnis hinsichtlich der Plasmoparaimmunität bei der F_2 von Gamay $\times$ Riparia 595 Oberlin kann angenommen werden, daß die Plasmoparaimmunität wahrscheinlich recessiv vererbt wird. Einwandfrei steht fest, daß aus der F_2 der Mourvèdre × Rupestris 1202 so gut wie keine immunen Pflanzen herausgespalten sind, und sicher ist weiter, daß aus der F_2 der Gamay × Riparia 595 ein wesentlich höherer Prozentsatz plasmoparawiderstandsfähiger Pflanzen festgestellt werden konnte. Es ist also notwendig, daß in Zukunft dem genetischen Einfluß der Rupestris resp. Riparia nachgegangen wird. Wahrscheinlich werden unsere weiteren Aufspaltungsversuche in den nächsten Jahren klärend wirken.

Wie schon oben erwähnt, wurden weitere Großaufspaltungsversuche mit der Sorte Gamay × Riparia 595 Oberlin durchgeführt. Die Gamayrebe ist ebenfalls wie die vorher beschriebene Mourvèdrerebe in Süd-Frankreich als Keltertraube stark verbreitet. Ihre Herkunft ist nach *Dümmler*[31] ungewiß, die Blätter sind drei- oder fünflappig, blaßgrün, das reife Holz ist hellkastanienbraun. Auf der Oberseite ist das Blatt glatt und hellgrün, die Blattunterseite ist heller und mit einzelnen Haaren auf den Nerven besetzt. Die Blattzähne sind kurz und spitz, die Stielbucht ist mehr oder weniger V- oder U-förmig geschlossen. Die Blätter verfärben sich zur Reifezeit mit engbegrenzten roten Flecken. Die Trauben sind zahlreich, verhältnismäßig klein und dicht. Die Beeren sind eiförmig und blauschwarz. Diese Gamaysorte, wahrscheinlich handelt es sich um Gamay de Liverdun, hat *Oberlin* mit einer Riparia, welche gegen Plasmopara und Reblaus immun sein soll, gekreuzt. *Oberlin*[91] schreibt 1913 folgendes darüber: „Ende der 80er Jahre erhielt ich von dem berühmten Züchter *Millardet*, Bordeaux, eine Sendung Traubenkerne von Riparia, die mir eine ganze Reihe von Sämlingen gab. Unter denselben befand sich ein Exemplar, das sich durch schönen Wuchs, volle Gesundheit und frühe Reife seiner kleinen Träubchen auszeichnete. Dieser Typus hat mir zur Herstellung meiner Riparia-Hybriden gedient."

Aus diesen Kreuzungen sind u. a. mehrere bekannte F_1 unter den Nummern Gamay × Riparia 595, 604, 605 und 702 hervorgegangen.

Die F_1 Gamay × Riparia 595 zeichnet sich durch Widerstandsfähigkeit gegen Plasmopara aus. Ihr Wachstum ist kräftig, die ausgewachsenen Blätter sind spitz, herzförmig und ziemlich groß und fünflappig. Die Triebspitzen sind blaßgrün und behaart, das Holz ist mittel- bis dunkelbraun, die Fruchtbarkeit ist groß, die Trauben sind ziemlich lang und locker, die Beeren sind klein und blau, der Saft ist rötlich, süß ohne Beigeschmack; außerdem zeichnet sich diese Rebe noch durch Frühreife aus. Der Bastard gilt auch als praktisch reblausimmun.

Von diesem F_1-Bastard wurden im Jahre 1931 200000 F_2-Pflanzen herangezogen. Dabei ging ich wieder von der gleichen Voraussetzung wie bei der Mourvèdre × Rupestris 1202 aus, daß eine Fremdbestäubung nicht stattgefunden hat. Das Material wurde aus den Beständen Geisenhein, Naumburg, Hattenheim, Freiburg, Dietz, Oberlahnstein und Tiefenbach nach Müncheberg aus der Traubenernte 1930 geliefert. Die Aussaat erfolgte in der Zeit vom 11. II. 1931 bis zum 23. III. in einzelnen Etappen; je nach der Temperatur war das Auflaufen in 8—14 Tagen zu verzeichnen. Es stellte sich heraus, daß die Samen aus Naumburg infolge der schlechten Reife des Jahres 1930 kaum keimten. Die Infektion, und zwar handelt es sich bei diesen Versuchen um künstliche Sämlingsinfektion, wurde am 30. III. vorgenommen. Dabei konnten

Abb. 24. Verschiedene Wirkung der Plasmopara bei den F_2 Gam. × Rip. 595 und Mourv. × Rup. 1202.

wir feststellen, daß ein viel höherer Prozentsatz als bei der Mourvèdre × Rupestris 1202 sich als widerstandsfähig erwies (Abb. 24). Bei einer Aussaat von etwa 500000 Samen blieben, bei 40% Keimfähigkeit, von den infizierten Sämlingen etwa 25% übrig. Diese Pflanzen wurden in Mistbeete pikiert und nochmals in Abständen von 2 Wochen 7mal im Laufe des Vegetationsjahres künstlich infiziert. Nach dieser Infektion blieben von diesen rund 50000 ausgepflanzten Rebensämlingen zum Schluß der Vegetationszeit etwa 26000 Pflanzen übrig. Es ist daraus zu schließen, daß die Kreuzung Gamay × Riparia 595 sich voraussichtlich für die Heranzüchtung eines sog. „Direktträgers" mehr eignet als die Mourvèdre × Rupestris 1202. Außerdem treten in der F_2 der Gamay × Riparia 595 relativ viel Sämlinge mit Europäertyp auf (Abb. 25).

Die Spaltung hinsichtlich der Wuchsform, der Verzweigungstypen, der Blattform und Blattfarbe ist ebenfalls wie bei der Mourvèdre × Rupestris 1202 sehr bunt. Aus den Spaltungszahlen konnten bis jetzt keine Beobachtungen über irgendwelche Erbgänge gemacht werden. So war es z. B. auch nicht möglich, die Beobachtungen von *Rasmuson* betreffend Herbstverfärbung zu bestätigen. Nach *Rasmuson*[94, 95] sollte bei der Oberlin 595 eine monohybride Spaltung hinsichtlich der Herbstverfärbung unter Dominanz der roten Herbstfarbe vorliegen. Dagegen

Abb. 25. Europäertyp der F₂ Gam. × Rip. 595.

fand ich an den Gewächshauspflanzen fast alle Übergänge von dunkelrot bis rosarot, verbunden mit verschiedener Verteilung der Herbstverfärbung auf dem Blatte. Es war mir nicht möglich, aus diesen vielen Farbgruppen irgendwelche Gesetzmäßigkeiten festzustellen. Diese Beobachtungen sind an den Sämlingen gemacht worden, die aus dem Samenmaterial Hattenheim stammen. Es besteht vielleicht doch die Möglichkeit, daß in diesem Falle eine Fremdbestäubung erfolgt ist. Wäre dies der Fall, so würden sich die abweichenden Beobachtungen und die bunte Farbaufspaltung ohne weiteres erklären. Wenn Fremdbestäubung vorliegt, ist sie mit Europäerpollen erfolgt, was ich aus der großen Zahl albinotischer und weißbunter Sämlinge schließe, die sonst hauptsächlich bei Riesling-Selbstungen auftreten. Dies hat für die praktische Zielsetzung keine negative Einwirkung gehabt, denn, wie wir gesehen haben, ist trotzdem noch eine beträchtliche Anzahl Pflanzen, die als plasmoparawiderstandsfähig bezeichnet werden müssen, übriggeblieben.

Wie schon aus der Blattserie der Mourvèdre × Rupestris 1202 zu ersehen war, ist auch aus der Blattypserie der Oberlin 595 festzustellen, daß die Aufspaltung weite Grenzen hat und daß eine fließende Formenreihe hinsichtlich der Blattform (Abb. 26) beobachtet werden kann. Diese Blattformen sind nun wiederum mit den verschiedenen Stielbuchten, die auf S. 46 abgebildet sind, Blattfarben usw. kombiniert, so daß sehr selten zwei annähernd gleiche Pflanzen unter den Zehntausenden von F_2-Nachkommen gefunden werden konnten. Ein ähnliches Bild wie bei der Mourvèdre × Rupestris 1202 zeigt die Serie der Stielbuchten, auch hier sind alle Formen mit einem geringen Unterschied, und zwar von $-10°$ bis $+140°$, vertreten. Die Abb. 17 auf S. 46 veranschaulicht dies. Ganz abgesehen von den Blatteigenschaften spalten die Wuchs- und die Verzweigungstypen sehr bunt. Wir finden wiederum, wie bei der Mourvèdre × Rupestris 1202, die Eigenschaften des Amerikaner-Elter kombiniert mit den Eigenschaften des Europäer-Elter. Aus diesem Grunde ist hier von weiteren Abbildungen Abstand genommen. Aber doch lassen sich die F_2-Nachkommen der Mourvèdre × Rupestris 1202 C von den Nachkommen der Gamay × Riparia 595 O. auf den ersten Blick unterscheiden. Bei den Nachkommen der Mourvèdre × Rupestris 1202 ähneln die Pflanzen mit Amerikanertyp dem Rupestris-Elter und bei der Gamay × Riparia 595 dem Riparia-Elter mit allen bekannten Blatt-, Wuchs- und Formeigenschaften.

Es sind in diesem Jahre die immunen Pflanzen der Gamay × Rip. 595 O. nochmals auf ihre Anfälligkeit gegen Plasmopara geprüft worden. Beim Aufschulen wird ein Teil der Typen, die mehr Europäer-Habitus zeigen, zusammengepflanzt und die Typen, die Amerikaner-Habitus aufweisen, ebenfalls. Dieser Versuch wird durchgeführt, um festzustellen, ob Koppelungen hinsichtlich des Ertrages und der Qualität der Europäer einerseits und der Immunität der Amerikaner andererseits bestehen. Sollte z. B. Koppelung der Plasmoparaimmunität mit den Eigenschaften des amerikanischen Elter vorhanden sein, so müßten die Typen mit dem Amerikaner-Habitus im Durchschnitt viel minderwertigere Trauben tragen als die Typen mit dem Europäer-Habitus. Dagegen müßten im Falle genannter Koppelung die Typen mit dem Europäer-Habitus im Durchschnitt mehr Trauben tragen und bessere Qualitäten hervorbringen. Nach den bisherigen Spaltungsergebnissen ist aber nicht anzunehmen, daß Koppelungen zwischen den Immunitätsfaktoren einer-

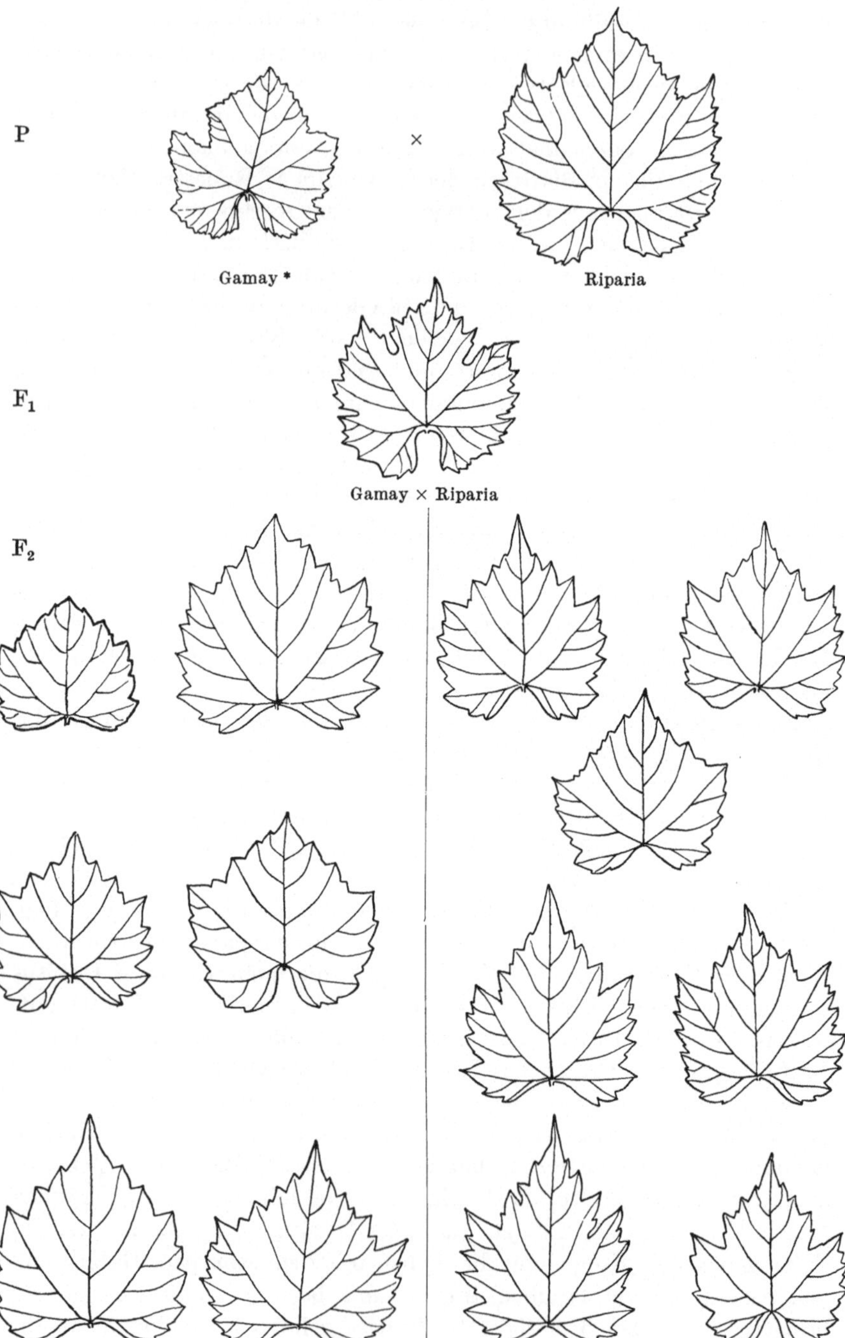

Abb. 26. Blattypen der Gamay × Riparia 595 Nachkommenschaft. $^1/_3$ natürliche Größe.
* *Viktor Rendu*, Ampélographie française.

F_2

Abb. 26. Blattypen der Gamay × Riparia 595 Nachkommenschaft. $^1/_3$ natürliche Größe.

seits und den Amerikanertypen andererseits vorliegen, denn wir haben
sowohl Amerikanertypen als auch Europäertypen unter den F_2-Säm-
lingen gefunden, die gegen Plasmopara widerstandsfähig sind. Wie sich
diese F_2-Typen hinsichtlich des Ertrages und der Traubenqualität später
verhalten, muß abgewartet werden. Einige widerstandsfähige Typen
werden in einem nachfolgenden Abschnitt bezüglich ihrer Abstammung
und ihres Habitus abgebildet und beschrieben.

3. Cytologische Beobachtungen.

Cytologische Untersuchungen sind von *Branas*[20], *Dorsey*[28], *Ghimpu*[37],
Hirajanagi[47], *Kobel*[57], *Nebel*[87], *Negrul*[88] und *Sax*[107] angestellt worden.
Dorsey und *I. Parouskaja* fanden n = 20, *Ghimpu, Hirajanagi, Kobel,
Nebel, Negrul* und *Sax* fanden n = 19 Chromosomen. Diese Wider-
sprüche können entweder auf Zählfehler, die bisher angenommen wurden, oder auf unterschiedliches Material zurückzuführen sein. Erwäh-
nenswert ist noch, daß Nebel zwei tetraploide Formen (Sultanina gigas
und Muscat gigas) mit 2 n = 76 Chromosomen fand. Es wurde von den
Autoren einheitlich festgestellt, daß Rupestris du Lot und Riparia
n = 19 Chromosomen aufweisen. Die europäischen Vitisarten, zu denen
bekanntlich die Sorten Mourvèdre und Gamay gehören, weisen ebenfalls
n = 19 Chromosomen auf. Die Karyokinese vollzieht sich bei den
Bastardreben in der allgemein bekannten Weise. In der Metaphase
ordnen sich die Chromosomen in eine Fläche. Die Gestalt der Chromosomen ist kurz bis länglich, schwach gebogen. Unterschiede in Form
und Größe der Chromosomen sind bisher noch nicht gefunden worden.
Die Chromosomen der Wurzelmeristemzellen sind sehr klein (etwa
1 Mikron), haben aber den Vorteil, daß sie in den seltensten Fällen ver-
schlungen sind. Die Reduktionsteilung der Rebe verläuft normal und
ist von *Dorsey*[28] beschrieben. In der Metaphase der heterotypischen
Teilung färben sich die Chromosomen gut, so daß, da sie in einer Fläche
liegen, Zählungen möglich sind. In der Metaphase der homöotypischen
Teilung verkleben die Chromosomen oft gruppenweise, so daß diese
Platten sich weniger zu Zählungen eignen. Für uns ist es nun wichtig,
festzustellen, ob bei den Kreuzungen Mourvèdre × Rupestris und
Gamay × Riparia irgendwelche chromosomalen Störungen vorhanden
sind. Denn wie schon vorher erwähnt, handelt es sich hier um Artkreuzungen, und chromosomale Störungen wären für die Züchtungs-
arbeiten, weil sie meistenteils Sterilität und komplizierte Spaltungen
zur Folge haben, erschwerend gewesen. Aus der Literatur geht nun
aber schon hervor, daß dies nicht anzunehmen ist, da die Amerikaner-
und Europäerrebenarten die gleichen Chromosomensätze haben.

Unsere Untersuchungen wurden an somatischen Platten des Wurzel-
meristems durchgeführt, weil im Laufe des Jahres öfter Wurzelspitzen

zur Verfügung stehen als Blütenknospen, zumal mitunter die Blüte
in unserem Klima explosionsartig verläuft und man in dieser kurzen
Zeit Schwierigkeiten mit dem Material und dem richtigen Fixierungs-
stadium hat. Außerdem kann man durch die Wurzelspitzenunter-
suchung den Chromosomensatz der Sämlingspflanze schon im frühesten
Stadium feststellen und braucht nicht auf die Blühreife zu warten.
Fixiert wurde nach bekannten Methoden, dann entwässert, in Paraffin
eingebettet und die mikroskopischen Schnitte in Dicke von 5—8 μ hergestellt. Gefärbt wurde mit Gentianaviolett, das reine Präparate mit
verhältnismäßig wenig verfärbtem Plasma ergab. Mit Hämatoxylin,
nach *Haidenhain*, färbte sich das Plasma zu sehr. Beobachtet wurden
die Objekte mit einem Leitz-Mikroskop, und zwar mit folgender Optik:
Objektiv Ölimmersion 1/25, Okular 25 $\times$ von Leitz. Das Zeichnen der
Präparate geschah mit dem Abbeschen Zeichenapparat. Da, wie schon
bemerkt, die Chromosomensätze der zu den Kreu-
zungen verwandten amerikanischen Arten mit
n = 19 festgestellt waren, beschränkte ich mich
darauf, die F_1 und die extremen Aufspaltungs-
typen auf ihre Chromosomensätze zu untersuchen.
Dabei stellte sich später heraus, daß *Negrul* für
die Gamay $\times$ Rip. 595 O. bereits einen Chromosomensatz von 2 n = 38 festgestellt hatte, was
ich ebenfalls bestätigen konnte. Der F_1-Bastard
der Mourvèdre $\times$ Rupestris 1202 war noch nicht
untersucht. Nach unseren Untersuchungen wurden
2 n = 38 (Abb. 27) festgestellt. Die Aufspaltungs-

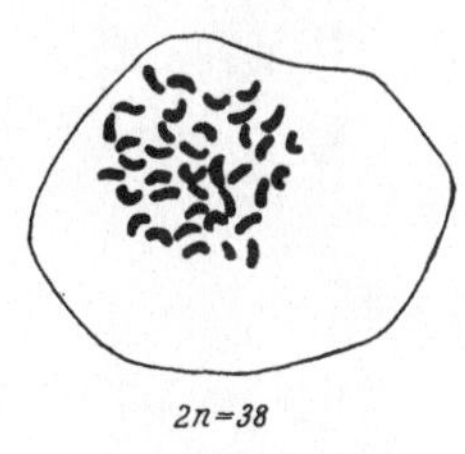

= 0,01 mm

Abb. 27. Chromosomen-
satz der F_1 der Mourv. $\times$
Rup. 1202.

typen, von denen einige mit den zugehörigen Chromosomensätzen abgebildet sind (Abb. 28—30), weisen durchweg die Chromosomenzahlen
von 2 n = 38 auf. Selbst ein starkwüchsiger Sämling aus der F_2 der
Mourvèdre $\times$ Rupestris 1202, welcher schon im 3. Laub blühte und
ursprünglich für eine Gigasform gehalten wurde, wies 2 n = 38 Chromosomen auf (Abb. 31).

Bei den vergleichenden Untersuchungen mit Europäern wurde eine
Familie, bestehend aus 3 Pflanzen, aus einer Moselrieslingselbstung ge-
funden, bei der 2 Pflanzen 2 n = 40 Chromosomen zeigten. Die Zählung
ist an verschiedenen Platten (von denen 8 abgebildet sind) und in drei
Vegetationsperioden gemacht und von Institutskollegen kontrolliert
worden, so daß wohl eine Täuschung ausgeschlossen ist (Abb. 32—34).
Jedoch soll später bei der Blühreife noch die Reduktionsteilung und
Tetradenbildung an diesen Pflanzen beobachtet werden.

Für den Fall, daß sich diese Zählungen endgültig bestätigen sollten,
ist ein Versuch vorgesehen, diese 40 chromosomigen Vinifera-Pflanzen
mit Pflanzen der Untergattung Muscadinia zu kreuzen. Es steht näm-

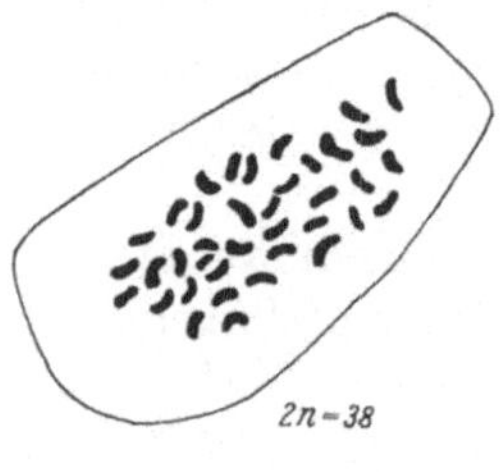

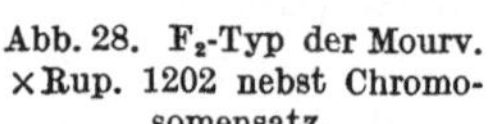

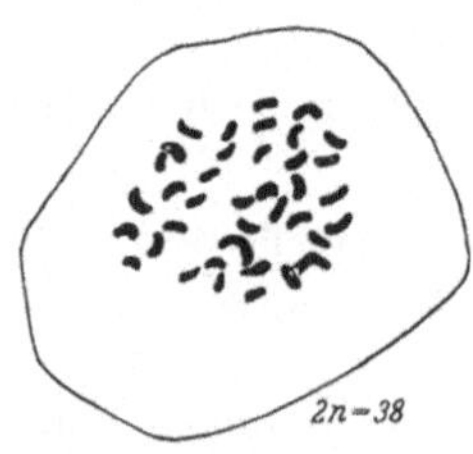

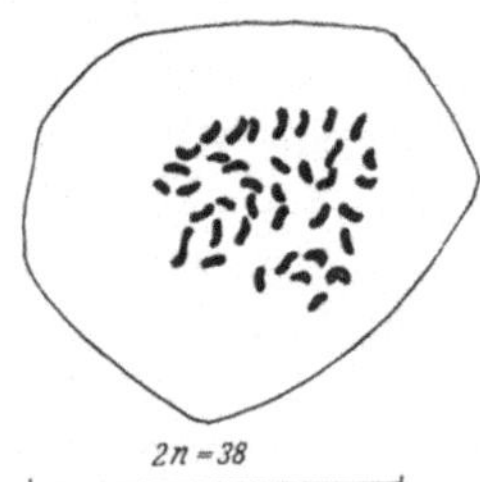

Abb. 28. F$_2$-Typ der Mourv. ×Rup. 1202 nebst Chromosomensatz.

Abb. 29. F$_2$-Typ der Mourv. ×Rup. 1202 nebst Chromosomensatz.

Abb. 30. F$_2$-Typ der Mourv. ×Rup. 1202 nebst Chromosomensatz.

lich fest, daß die zu dieser Untergattung gehörende amerikanische Art
rotundifolia 2 n = 40 Chromosomen aufweist. Ebenso haben die nahen
Verwandten Ampelopsis und Parthenocissus 2 n = 40 Chromosomen.
Eine Kreuzung V. rotundifolia mit einer 2 n = 40 chromosomigen Vini-
ferarebe hat Aussicht auf Erfolg, zumal Kreuzungen zwischen V. vinifera × Vitis rotundifolia nach *Detjen*[24, 25] und *Williams*[123] schon ge-

Abb. 31.
Starkwüchsiger, 4 Mo-
nate alter F₂-Typ der
Mourv. × Rup. 1202
nebst Chromosomen-
satz.

lungen sein sollen. Allerdings sollen diese Bastarde steril gewesen sein,
was durch die Verwendung der 40 chromosomigen Vinifera-Sorten vielleicht vermieden werden kann. Kreuzungen von Vitis rotundifolia mit
Parthenocissus oder Ampelopsis sind bisher erfolglos verlaufen. Kreuzungen mit Ampelopsis × Vitis vinifera sind von *Millardet-Grille*[42]
und *Börner*[108] (S. 41) bisher vergeblich versucht worden. Vielleicht ist
ein gleicher Versuch mit einer 2 n = 40 chromosomigen Vinifera-Rebe
aussichtsreicher. *Sax*[107] vertritt die Ansicht, daß nicht nur Chromo-

somensatzunterschiede eine Kreuzung der Untergruppe Euvitis mit Muscadinia verhindern, sondern daß noch grundlegende Unterschiede in der Beschaffenheit der Chromosomen dieser Gruppen vorhanden sein müssen. Versuche in der oben genannten Richtung und ein Stu-

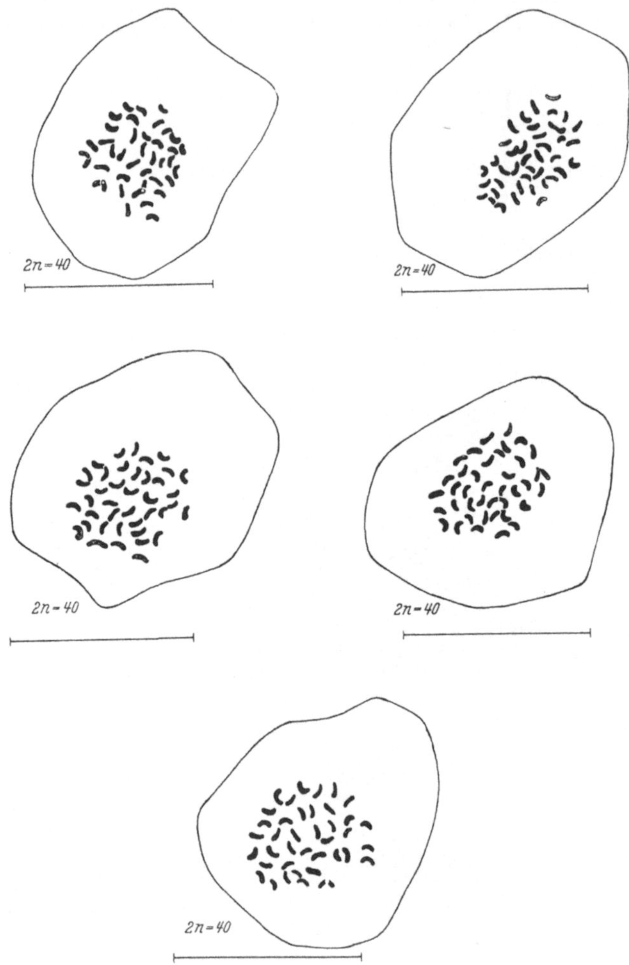

Abb. 32. Metaphase der somatischen Teilung bei Moselriesling. Pflanze 991/22, 1930. 2n = 40.

dium der Sterilitätsverhältnisse derartiger F_1-Bastarde müssen angestellt werden, um hier Aufklärung zu bringen. Die genannten Kreuzungen sind von Wert, weil V. rotundifolia absolut immun gegen Reblaus und Plasmopara ist. Ampelopsis soll nach *Lüstner*[67] und *Ducomet*[30] in schweren Plasmoparajahren gegen diese anfällig sein, nur ist

Moselriesling.　Pflanze 991/*16*,‚1931 nebst Chromosomensatz.　2 n = 40.

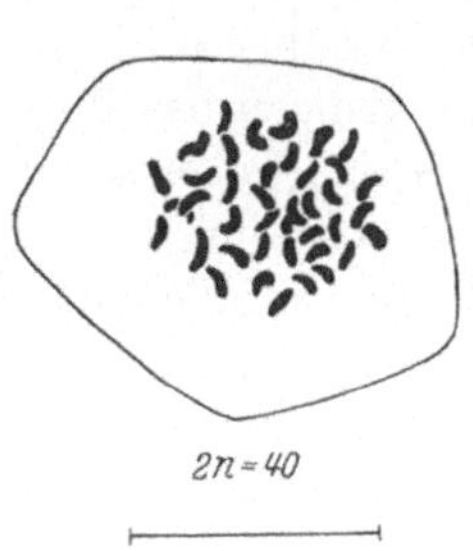

Abb. 33.　Moselriesling.　Pflanze 991/*22*, 1931
nebst Chromosomensatz.　2 n = 40.

nur eine künstliche Infektion bei schlechter Ausbildung von Conidienträgern geglückt. Es wäre zu wünschen, daß diese genannten Kreuzungen gelingen, denn dadurch würden der Rebenimmunitätszüchtung neue Aussichten eröffnet.

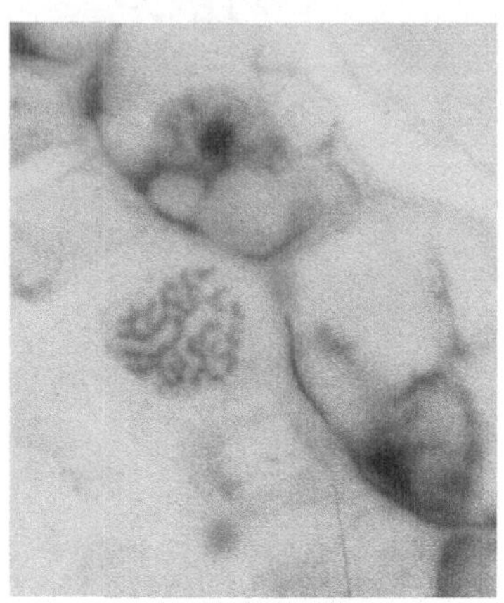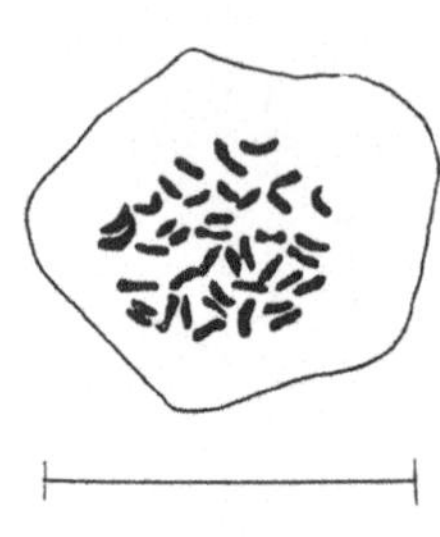

Abb. 34. Moselriesling. Pflanze 991/22, 1932. $2n = 40$.

III. Verhalten
der Rebensämlinge bei künstlicher Plasmopara-Infektion.
1. Befallstypen.

Es wurde der Vorgang der Infektion bei der Weinrebe durch Plasmopara viticola näher beobachtet, um festzustellen, wie die Reben sich gegen das Eindringen des Pilzes verhalten. Diese Beobachtungen wurden, soweit es sich um mikroskopische handelt, mit dem Ultropak von Leitz-Wetzlar ausgeführt. Das Ultropakmikroskop gestattet, lebende Pflanzenteile bei auffallendem Licht, welches nach dem jeweiligen Objekt abgeblendet oder auf besondere Stellen konzentriert werden kann, bei stärkster Vergrößerung zu untersuchen. Diese Art der mikroskopischen Beobachtung ist vorteilhaft, weil Blatteile und Pilzmycel, sobald sie präpariert werden, sehr schnell Veränderungen zeigen.

Die Conidienträger entwickeln sich, wie schon angedeutet, bei einer optimalen Temperatur von 25—27° bei 95—100 proz. relativer Luftfeuchtigkeit am besten. Tropfbares Wasser an der Blattunterseite wirkt mitunter hemmend und es treten dann Conidienträger in Zwergwuchs auf. Ähnlich wie *Arens*[3] habe ich beobachten können, daß das Mycelwachstum innerhalb des Blattes durch das Licht nicht gehemmt wird. Interessant ist, daß an Blättern, die in Wintermonaten künstlich infiziert wurden, häufig keine Ölflecken bei Plasmoparabefall auftraten. Dies beruhte darauf, daß die Luft zu sehr mit Wasserdampf gesättigt war und die

Conidienträger außerordentlich spärlich gebildet wurden. Es kann vermieden werden, indem man nach der Infektion die Rebenpflanzen etwas trockener hält; dabei tritt sogleich ein verstärktes Conidienwachstum ein. Die Mycelausbildung bei den in zu feuchter Luft gehaltenen Rebenpflanzen wird entsprechend der kümmerlichen Ausbildung von Conidien ebenfalls gehemmt, was das Nichtauftreten der Ölflecken erklärt. In der freien Natur ist diese Erscheinung selten zu beobachten, weil selbst nach längeren Regenfällen die Luftfeuchtigkeit nicht dazu ausreicht. *Istvánffi* und *Pálinkás*[52] haben diese Art des Auftretens von Conidienträgern ohne vorangegangene Ölfleckenbildung auch beobachtet und stellten in diesem Fall viel weniger Conidienträger als bei normalem Befall fest.

Wird ein mit Conidien- bzw. Schwärmsporen angereicherter Regenwassertropfen auf die Blattunterseite gebracht, so kann man beobachten, wie dies *Müller-Thurgau*[79-82] und *Arens*[2, 3] ebenfalls konnten, daß Schwärmer sich an der Spaltöffnung, sofern sie geöffnet ist, festsetzen. Diese Erscheinung wird nach *Müller-Thurgau* durch einen chemotaktischen Reiz hervorgerufen. Die an der Spaltöffnung festgesetzten Schwärmsporen runden sich schnell ab und keimen an ihrer dem Spalt zugewandten Seite aus. *Arens* bezeichnet die Wachstumsrichtung des Keimschlauches als chemotropischen Reiz. Welche Stoffe die Schwärmsporen zur Spaltöffnung anziehen, ist bisher nicht einwandfrei festgestellt. Die Spaltöffnungen der Blätter von Syringa rufen bei einer Plasmoparainfektion das gleiche Verhalten der Schwärmer hervor. *Arens* gibt an, daß die Schwärmer nur normal reagieren und keimen, wenn in der geöffneten Schließzelle noch eine Luftblase geblieben ist. Sicher ist, und dies konnte ebenfalls von mir beobachtet werden, daß für den Erfolg der Infektion die Öffnungs- und Schließbewegungen der Spaltöffnungen eine ausschlaggebende Rolle spielen. Das Licht, welches für das Öffnen und Schließen der Stomata ein Hauptfaktor ist, muß auch die Infektion günstig beeinflussen, weil die Infektionsmöglichkeit in der Nacht geringer ist als am Tage, was auch nach unseren Beobachtungen durchaus zutrifft. Ferner kommt hinzu, daß die Tätigkeit des Bewegungsmechanismus der Schließzellen von der Wasserbilanz der Pflanzen abhängt. Ein auf die Blattunterseite gebrachter Wassertropfen öffnet die von ihm bedeckten, anfänglich geschlossenen Spaltöffnungen bei gleichzeitiger Einwirkung des Lichtes, welches zur mikroskopischen Beobachtung nötig war, in etwa 15—45 Minuten. Weiter habe ich feststellen können, daß die Schwärmsporen sich auf frisch öffnende Spaltöffnungen viel sicherer konzentrieren als auf bereits lange geöffnete. Rebenpflanzen, die lange feucht gehalten werden, bei denen also die Stomata meist offen sind, lassen sich schwerer infizieren. *Arens*[3] kommt zu der Feststellung, daß auf dem Blatt Phosphatide ab-

gesondert werden, die auf die Schwärmer wahrscheinlich eine Reiz-
wirkung ausüben.

Da unser Wissen über die Beziehungen zwischen Parasit und Wirt
bis heute noch sehr lückenhaft ist, müssen wir uns zur Zeit darauf beschränken, durch Sammeln vieler Beobachtungen über ihr gegenseitiges
Verhalten Näheres festzustellen. Durch die Infektion ist je nach dem
Anfälligkeitsgrad der Pflanze die Transpirations- und Assimilations-
tätigkeit stark beeinflußt. Im allgemeinen geht die Wasserausscheidung
bei den erkrankten Blättern viel energischer vor sich als bei den gesun-
den. Die plasmoparageschädigten Spaltöffnungen sind weit geöffnet
und das Blatt scheidet überflüssig viel Kohlensäure aus. Die Beein-
trächtigung des Assimilationsprozesses führt auch zur Verarmung an
Nährstoffen. Die ganze Pflanze wird schließlich stark in ihrer biologischen Widerstandsfähigkeit geschwächt, und da die Spaltöffnungsapparate nicht mehr funktionieren, ist sie auch der Gefahr des Aus-
trocknens bei Temperaturschwankungen preisgegeben.

Beobachtet man die mit Plasmopara befallenen Rebenblätter, so
kann man deutlich Befallsgrade unterscheiden. Stark widerstandsfähige Pflanzen zeigen kleine punktförmige Infektionsstellen. Dagegen
weisen stark anfällige Pflanzen an den Blättern unregelmäßig verteilte
Zerstörungsherde auf, die teilweise durch die Blattnervatur begrenzt
sind, aber sich auch über das ganze Blatt ausdehnen können. Zwischen
diesen Typen liegen die Übergangsformen im Befallsgrad. Bei widerstandsfähigen Typen konzentriert sich der Befall auf die jüngeren
Blätter, während bei den anfälligen Typen auch die älteren Blätter
Infektionserscheinungen aufweisen.

Bei den Infektionsherden kann sehr häufig eine Chlorophyll- und
Stärkeanreicherung beobachtet werden, darum bleiben im Herbst diese
Chlorophyllanhäufungen noch lange sichtbar. Dies wird darauf zurück-
geführt, daß durch das Pilzmycel die Leitfähigkeit des Gewebes
für die Assimilate gestört ist und dadurch Stärkeanhäufungen infolge
von Stauungen eintreten. Wie aus beigefügter Abbildung (Abb. 35),
die einen Ausschnitt aus einem in der Herbstvergilbung befindlichen
Blatt darstellt, zu ersehen ist, befinden sich um den Infektionsherden
starke Chlorophyllanhäufungen, die in der Mehrzahl der Fälle durch
die Nervatur begrenzt sind. Blätter, die im Herbst eine Rotverfärbung
aufweisen, zeigen dagegen an diesen Stellen viel Anthocyan. Bei hoch-
widerstandsfähigen Rebenblättern, die Punktbefall aufweisen, beobachtet man am deutlichsten im Herbst um die befallenen Stellen einen
Chlorophyll- bzw. Anthocyanring. Ob dieser Ring als Schutzring angesprochen werden kann oder ob, wie schon bemerkt, durch die gestörte
Leitfähigkeit diese Zellstoffanhäufungen bedingt sind, will ich zur Zeit
nicht entscheiden. Jedoch nehme ich an, daß in den stark mit Chloro-

phyll angereicherten Stellen eine erhöhte Lebenstätigkeit der Zellen sich abspielt und dadurch die Möglichkeit besteht, daß irgendwelche Schutzstoffe gebildet werden, die zur Lokalisierung der Infektionsherde beitragen. Mit Sicherheit konnte in diesen stark ergrünten Zellen Stärke festgestellt werden. Die beschriebene Erscheinung tritt nur bei widerstandsfähigeren Pflanzen auf.

Die Chlorophyllabgrenzungen sind, wenn das Blatt normal grün ist, kaum zu beobachten, besser ist dies an Blättern möglich, die aus irgendeinem Grunde zum Gelbwerden neigen, sei es aus Lichtmangel, Neigung zur Chlorose oder bei der Herbstverfärbung. Der Vorgang der erhöhtenChlorophyllbildung um die Infektionsherde geht so weit, daß selbst Blätter, die aus irgendeinem Grunde im Vergilben sind, nach künstlicher Plasmoparainfektion in die Lage versetzt werden, um die entstehenden Infektionsherde das abwandernde Chlorophyll zu halten. Daraus schließe ich, daß es sich nicht um die bereits erwähnte Möglichkeit einer Stauungserscheinung handelt, sondern daß irgendwelche Schutzstoffe, die zum Lokalisieren der Infektionsherde dienen, gebildet werden.

Wesentlich ist noch die Tatsache, daß die befallenen Blattflächen verschieden schnell absterben.

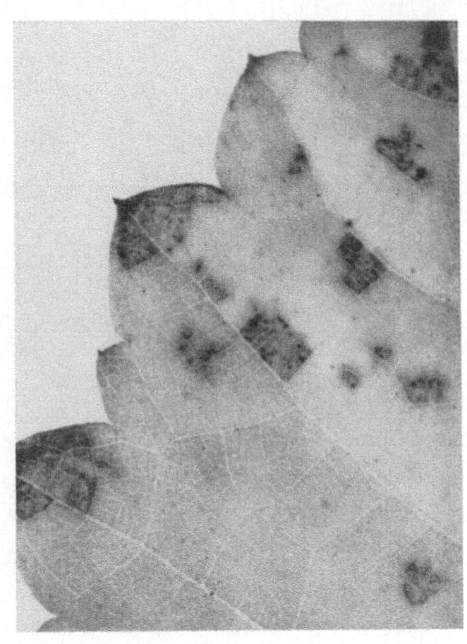

Abb. 35. Chlorophyllbildung um die Infektionsherde bei vergilbendem Blatt.   Natürliche Größe.

Je schneller das Gewebe abstirbt, desto kleiner bleibt der Infektionsherd und desto größer ist die Widerstandsfähigkeit der Pflanze gegen Plasmopara. Hochresistente Reben zeigen an den Blattunterseiten sehr kleine und schwache Gewebeeintrocknungen; sie können leicht mit Melanoseerkrankung verwechselt werden (Abb. 36). In diesen Fällen sind nur einige Spaltöffnungsapparate mit den sie umgebenden Zellgeweben der unteren Blattepidermis von der Plasmopara zerstört worden. Das Pilzmycel hat nicht seine zerstörende Wirkung durch das Schwammparenchym und die Palisadenschicht bis zur oberen Epidermis vollenden können. Um die Befallsgrade zu veranschaulichen, sind einige Befallstypen abgebildet, und zwar werden Blätter von F_2-Pflanzen der Riparia × Rupestris 101[14] gezeigt und Befallstypen der F_2-Pflanzen der Mourvèdre $\times$ Rupestris 1202. Auf diesen beiden Bildern (Abb. 37 und 38) ist deutlich zu sehen, daß die Variationsbreite hinsichtlich des Befallsgrades bei den beiden verschiedenen F_2-Nachkommenschaften verschieden stark ist. Bei der F_2 der Riparia $\times$ Rupestris 101[14] können häufiger Blätter beobachtet werden, die in der Lage sind, den Infektionsherd mehr oder weniger schnell zu lokalisieren als bei den F_2-Pflanzen der Mourvèdre $\times$ Rupestris 1202. Diese F_2-Blätter zeigen Typen, bei denen die Infektion das ganze Blatt erfaßt und vernichtet oder auch Typen, die die Infektionsherde ähnlich wie bei der Riparia $\times$ Rupestris 101[14] schnell lokalisieren können. Auf beiden Abbildungen sind deutlich die vorher beschriebenen Chlorophyllringe zu beobachten, und außerdem sieht man sehr schön die gleichmäßige Wirkung der künstlichen Plasmoparainfektion.

Bekanntlich verhalten sich ältere Rebenblätter widerstandsfähiger gegen den Pilzerreger als jüngere. Aber trotzdem kann die Plasmopara bei hochgradig anfälligen Pflanzen auch bei älteren Blättern einen vollständigen Blattfall verursachen. Es gibt auch Stadien, bei denen die Plasmopara diese Blätter nur

Abb. 36. Plasmopara-Befall an stark widerstandsfähigem Blatt der Gamay $\times$ Riparia 5950.

teilweise vernichtet. Zur Illustration sei eine Abbildung (Abb. 39) mit etwa 8—12 Wochen alten Rebensämlingen, die künstlich infiziert wurden, gezeigt. Auf der Abbildung sieht man auch Übergangsstufen der Erkrankungsmöglichkeiten. Während der ersten Versuche haben wir die Pflanzen in diesem Stadium auf ihre Plasmoparawiderstandsfähigkeit geprüft. Bei dieser Methode muß man jede einzelne Pflanze ganz genau ansehen, ob sich irgendwelche Infektionsherde zeigen. Seit 1931 infizieren wir die Sämlingspflanzen im Alter von 8—14 Tagen. Hier wirkt die Plasmopara viel schärfer und hilft, indem sie die anfälligen Pflanzen vernichtet, automatisch auf

Abb. 37. Plasmopara-Befallstypen bei der F_2 Rip. $\times$ Rup. 101^{14}.
$^1/_3$ natürliche Größe.

Abb. 38. Plasmopara-Befallstypen bei der F_2 der Mourv. $\times$ Rup. 1202.
$^1/_3$ natürliche Größe.

Widerstandsfähigkeit gegen Plasmopara zu selektionieren. Auf der Abb. 11 wird 1 anfälliger und 1 widerstandsfähiger Rebensämling im Alter von etwa 10 Tagen gezeigt. Man sieht deutlich, daß die Kotyledonen ähnlich wie die Blätter stark von Plasmopara befallen werden. Um die Wirkung der Selektion zu zeigen, sei auf die Abb. 40 hingewiesen. Aus der Abb. 24 kann man sehr schön ersehen, wie verschieden zahlreich starkwiderstandsfähige Typen bei der F_2 der Sorten Mourvèdre × Rupestris 1202 und Gamay × Riparia 595 herausspalten, eine Tatsache, die in einem vorhergehenden Kapitel näher beschrieben ist. Diese makroskopischen Beobachtungen über das Verhalten der verschiedenen widerstandsfähigen Rebenpflanzen gegen Plasmopara habe ich noch durch mikroskopische Beobachtungen zu ergänzen versucht.

Abb. 39. Plasmopara-Selektionswirkung an etwa 8 Wochen alten Rebensämlingen.

Die grünen Ringe um die Infektionsherde führen Stärke, was durch den bekannten Verdunkelungsversuch nachgewiesen werden konnte. Auf Abb. 41 sind Chlorophyll- bzw. Anthocyanabgrenzungen gezeigt. Interessant ist, daß eine ähnliche Reaktion an plasmoparawiderstandsfähigen Pflanzen bei Nadelstichverletzungen des Blattes auftritt (Abb. 42). Diese Erscheinung wird vielleicht durch Wundhormone, wie sie von *Haberland*[44] beschrieben worden sind, hervorgerufen. Es ist anzunehmen, daß bei den Infektionsherden unter Umständen ebenfalls Wundhormone die beobachteten Erscheinungen auslösen.

Weiter wurde beobachtet, daß bei den widerstandsfähigen Pflanzen sich schnell ein brauner Zellwandring um den Infektionsherd bildet. Die Abb. 43 und 44 lassen dies erkennen. Je schneller dieser Schutzring gebildet wird, um so kleiner bleibt die Infektionsstelle. Bei diesen brau-

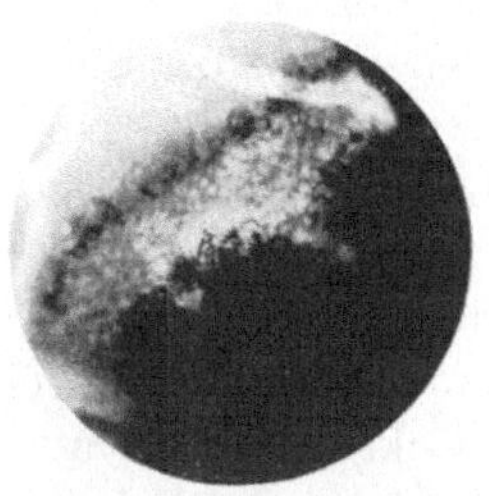

Abb. 41. Anthocyanring um die durch Plasmopara vernichtete Stelle. 32 mal vergr.

Abb. 40. Selektionswirkung der Plasmopara an etwa 8 Tage alten Sämlingen.

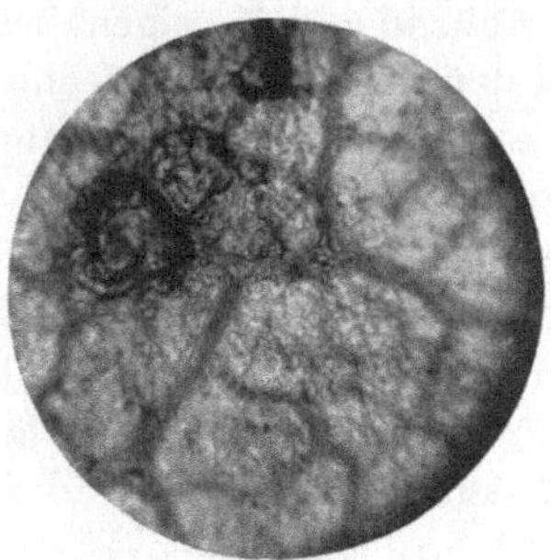

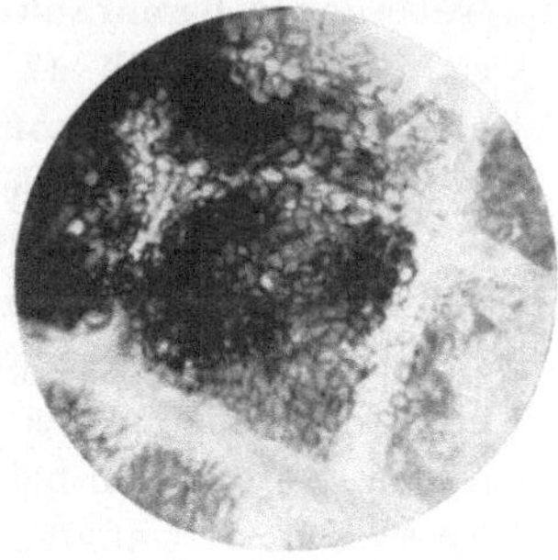

Abb. 42. Chlorophyllanreicherung bei einer Nadelstich-Blattverletzung. 32mal vergr.

Abb. 43. Schutzring durch abgestorbene Zellwände. 32 mal vergr.

Abb. 44. Abgestorbene Zellwände als Schutz gegen das Plasmopara-Mycel. 150 mal vergr.

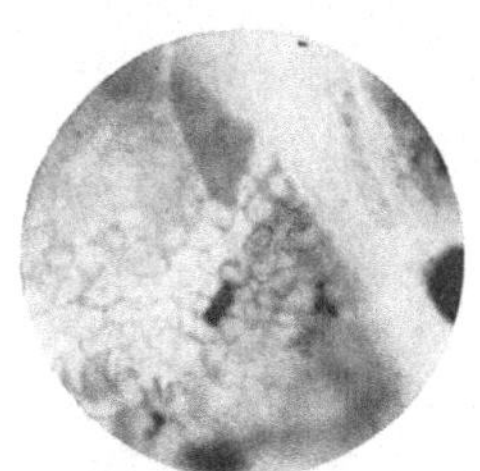

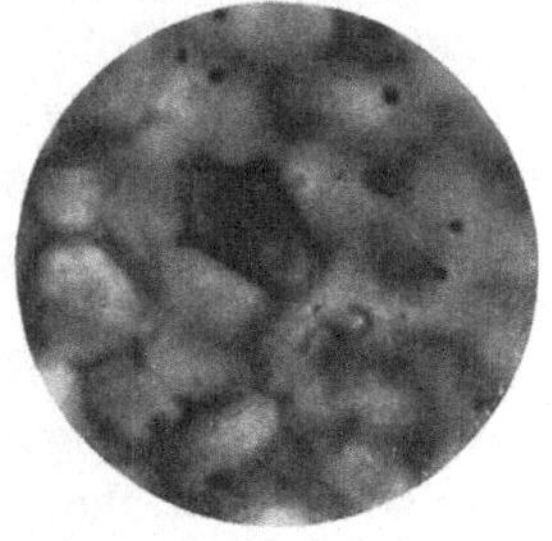

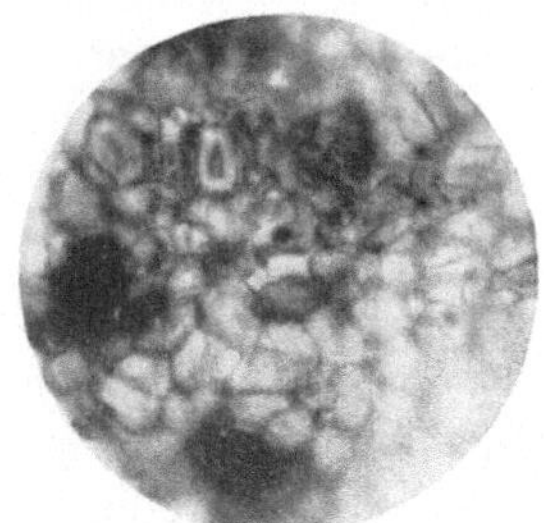

Abb. 45. Auf Plasmopara-Infektion durch Absterben reagierende Spaltöffnung. 100 mal vergr.

Abb. 46. Auf Plasmopara-Infektion durch Absterben reagierende Spaltöffnung. 235 mal vergr.

Abb. 47. Auf Plasmopara-Infektion durch Absterben reagierende Spaltöffnung und die sie umgebenden Zellwände. 135 mal vergr.

nen Schutzflecken handelt es sich nicht um Verholzungserscheinungen, was durch eine Färbung mit Gentianaviolett nach *Gramsch* bewiesen wurde. Eine Verkorkung lag nach einer Färbung mit Sudan III nach *Kroemer* ebenfalls nicht vor. Jedoch war eine Cellulosereaktion nach Aufhellung der Objekte mit Chloralhydrat durch eine Chlor-Zink-Jod-reaktion vorhanden. Demnach stellt dieser braune bis dunkelbraune Schutzrand abgestorbene Zellwände dar, die das Ausbreiten des Pilz-mycels erschweren. Mit dem dann absterbenden Blattgewebe stirbt auch das Pilzmycel, aus dem sich keine Conidienträger mehr ent-wickeln können und wodurch ein Umsichgreifen der Infektion verhin-dert wird. Bei den künstlichen Infektionsversuchen konnte mikro-skopisch beobachtet werden, daß das höchste Stadium der Immunität das des Absterbens der Spaltöffnungsapparate ist. Sobald die Schwär-mer durch ihre Keimschläuche die Stomata zerstört haben, setzt deut-lich die Verfärbung ihrer Zellwände und sehr häufig auch derjenigen Zellwände, die sie umgeben, ein, d. h. die Infektion bleibt im wesent-lichen auf die Spaltöffnungsapparate oder auf die sie umgebende Ge-webeschicht beschränkt. Abb. 45 und 46 zeigen dies deutlich. Außerdem sieht man bei Abb. 47 an der starken Lichtbrechung der Zellwände der erkrankten Gewebekomplexe, daß der oben beschriebene Abriegelungs-vorgang zum Lokalisieren des Pilzes eingetreten ist.

Nun können ähnliche Erscheinungen des Absterbens der Zellwände nicht nur an den widerstandsfähigen, sondern auch an den anfälligeren Pflanzen beobachtet werden. Es besteht jedoch bei diesen Vorgängen ein Unterschied. Das Pilzmycel ist bei den anfälligen Blättern nicht nur in den deutlich befallenen Geweben vorhanden, sondern man findet es auch in den angrenzenden, noch grünen Blatteilen. Stirbt die zer-störte Blattstelle ab, so geht trotzdem nicht das ganze Pilzmycel zu-grunde. So erklärt sich die Tatsache, daß ein anfälliges Blatt bei opti-malen Bedingungen für den Pilz vollkommen vernichtet werden kann. Bei den widerstandsfähigen Blättern dagegen war nur ein Pilzmycel in den er-krankten Gewebeteilen festzustellen und der Cellulose- und Chlorophyllring bildeten dann einen wirksamen Schutz gegen die Ausbreitung des Mycels. Der Chlorophyllring fehlt bei den Blättern der stark anfälligen Pflanzen.

Zwischen den Blattypen, die nicht in der Lage sind, das Pilzmycel zu lokalisieren und denjenigen, die dies können, gibt es nun eine ganze Reihe von Übergangstypen. Bei diesen wird die Infektion langsamer gehemmt oder erst in dem Augenblick, wo ungünstige Verhältnisse für den Pilz auftreten. Äußerlich sind diese Erscheinungen durch mehr oder minder große Infektionsherde gekennzeichnet, genetisch sind sie durch das Reaktionsvermögen der Pflanze bedingt.

Aus diesen Beobachtungen ist einwandfrei zu entnehmen, daß sich alle Reben der Gruppe Euvitis mit Plasmopara infizieren lassen, daß sich aber der Pilz je nach der Reaktion der Wirtspflanze im Blattinnern verschieden verhält.

Im Zusammenhang hiermit konnte weiter beobachtet werden, daß bei den anfälligen Sorten der Conidienrasen viel dichter ist als bei den widerstandsfähigen Sorten. Bei letzteren bezeichnet man die kleinen Infektionsstellen als Subinfektionen. Ich habe beobachtet, daß die Conidienträger dieser Subinfektionen erheblich schwächer sind, d. h. sie sind seltener, kleiner und tragen nicht so viel Conidien. In jedem Fall der Conidienträgerbildung, und wenn sie noch so schwach war, konnte ich auch Conidien beobachten. Man hat nun festzustellen versucht, weshalb bei den Reben mit sog. Subinfektion sich die Plasmopara schwächer entwickelt. Es wurde angenommen, daß der Säuregrad der einzelnen Sorten im Zusammenhang mit der Widerstandsfähigkeit steht. *Wille*[121] hat dies für die Plasmopara beweisen können. *Janke*[56] hat festgestellt, daß der Zellsaft der anfälligen Rebensorten weniger stark sauer reagiert als derjenige der widerstandsfähigen. Von *Averna-Sacca*[4] ist ebenfalls der Säuregehalt des Gewebes für die Resistenz verantwortlich gemacht worden. Geringe Acidität soll die Anfälligkeit begünstigen. Dagegen spricht zweifellos, daß je nach Art des Bodens der Säuregehalt des Gewebesaftes der Pflanze starken Schwankungen unterworfen ist. Bei der Immunität gegen die Getreiderostarten z. B. hat sich herausgestellt, daß kein Zusammenhang zwischen der Acidität und Anfälligkeit besteht. Die Konzentration des Zellsaftes soll nach Ansicht von *Laurent*[64] ebenfalls die Immunität beeinflussen. Hohe Konzentration soll die Anfälligkeit verringern und umgekehrt, *Istvánffi* und *Pálinkás*[52] glauben, daß der hohe Wassergehalt des Gewebes für die Anfälligkeit verantwortlich zu machen sei. Wie *Arens*[3] richtig dazu bemerkt, schließen alle diese Faktoren sich gegenseitig nicht aus, denn die Vermehrung des Wassergehaltes vermindert den Säuregehalt und die Konzentration des Zellsaftes. Mit der Vergrößerung des Wassergehaltes nimmt der Turgor zu, und damit wird der Öffnungszustand der Spaltöffnung stark beeinflußt. Ich glaube aber nicht, daß Öffnen bzw. Schließen der Spaltöffnungen die Immunität bedingt, denn der Pilz erhält bei den starken Temperatur- und Feuchtigkeitsschwankungen zweifellos sehr häufig Gelegenheit zur Infektion durch die Stomata.

Durch vergleichende anatomische Untersuchungen wollte *Lepik*[65] feststellen, ob der Pilz von der Wirtspflanze abgetötet oder ausgehungert wird. *Lepik* kommt zu dem Ergebnis, daß das Mycel aus Rebensorten mit stark anfälligen Blättern sich nicht bedeutend unterscheidet von Sorten mit schwach anfälligen. Er schließt hieraus, daß es sich bei den Subinfektionen nicht um Verhungerungsmerkmale handeln dürfte.

Die gleichen Untersuchungen wurden an meinem F_2-Material nach dem von *Lepik* beschriebenen Doppelfärbungsverfahren mit „Bleu

coton" und „Safranin" angestellt. Dabei ergab sich, daß das Pilzmycel
bei den anfälligen Blättern viel stärker verbreitet, viel dicker ist, viel
mehr und größere Haustorien aufweist als in den Blattgeweben der

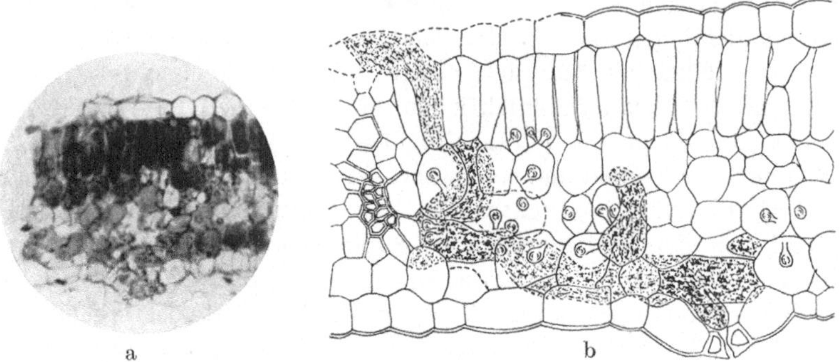

Abb. 48. Querschnitt durch ein stark anfälliges Rebenblatt mit starker Mycel- und Haustorienbildung.
a) Photographie 240 mal vergr.; b) mikroskopische Zeichnung desselben Objekts 670 mal vergr.

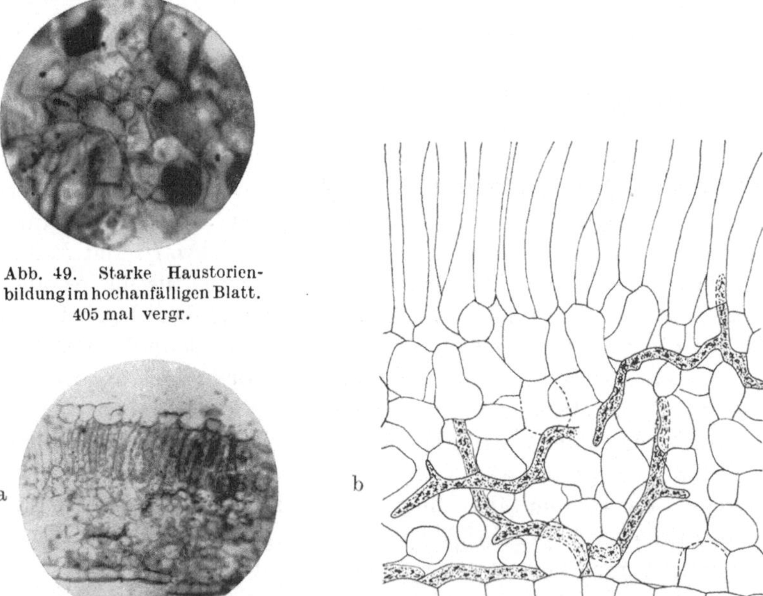

Abb. 49. Starke Haustorienbildung im hochanfälligen Blatt.
405 mal vergr.

Abb. 50. Querschnitt durch ein stark widerstandsfähiges Rebenblatt mit schwacher Mycelausbildung.
a) Photographie 240 mal vergr.; b) mikroskopische Zeichnung des gleichen Objekts 670 mal vergr.

widerstandsfähigen Pflanzen. In den widerstandsfähigen Blättern ist
das Pilzmycel viel schwächer, hat selten Haustorien, und falls diese
auftreten, sind sie wesentlich kleiner. Diese Tatsachen sind aus den
Abb. 48—51 deutlich zu ersehen. Die Untersuchungen sind an ver-

schiedenen widerstandsfähigen F_2-Pflanzen der Sorte Rupestris × Berlandieri 301 a gemacht worden. Diese F_2-Pflanzen sind aus Saatgut, welches im Jahre 1929 aus Bernkastel bezogen wurde, 1930 im Institut herangewachsen.

Insgesamt wurden rund 1000 Mycelmessungen durchgeführt. Dabei hat sich herausgestellt, daß die Dicke des Mycels in den anfälligen Blättern 11,25 μ und in den widerstandsfähigen Blättern 7,8 μ im Durchschnitt beträgt. Die widerstandsfähigen Blätter zeigten Punktbefall, d. h. die Pflanze war sehr schnell in der Lage, die Infektionsherde zu lokalisieren. Die anfälligen Blätter zeigten großen Flächenbefall, d. h. die Pflanze konnte nicht oder erst nach längerer Zeit die Infektion eindämmen. Weiter konnte hierbei festgestellt werden, daß die Pflanzen mit anfälligen Blättern sehr reichliche und gut entwickelte Conidienträger mit Conidien aufweisen, die widerstandsfähigen dagegen zeigten den typischen schwachen Conidienwuchs der Subinfektionen.

Entsprechend der Stärke des Conidienwuchses ist das Mycel im Blattinnern ausgebildet. Um einen Vergleich anzuführen, kann man sagen, daß sich die Plasmopara auf den verschiedenen widerstandsfähigen Blättern ähnlich wie ein Baum zu seinen Wurzeln verhält, d. h. je größer die Krone des Baumes, desto stärker und verzweigter seine Wurzel. Dieser Vergleich hinkt zwar etwas, aber kennzeichnet wohl am

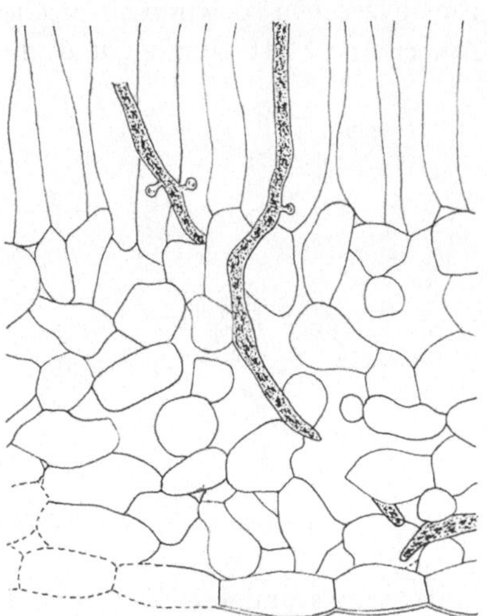

Abb. 51. Querschnitt durch ein stark widerstandsfähiges Rebenblatt mit schwacher Mycel- und Haustorienausbildung. 670 mal vergr.

besten die Beobachtungen, die ich im Gegensatz zu den Feststellungen von *Lepik* machte. Die verschiedenen Feststellungen sind sicherlich durch das verschiedene Material bedingt. Selbst zwischen widerstandsfähigen Blattypen und stark anfälligen der Amerikaner gibt es viele Übergangsformen und dementsprechend auch in der Ausbildung des Pilzmycels. Nimmt man widerstandsfähige Pflanzen, wie *Lepik* z. B. F_1-Bastarde, von denen man nicht den genetischen Grad der Widerstandsfähigkeit kennt und die durch irgendeinen äußeren Zufall widerstandsfähig erscheinen, so kann man bei derartigen Pflanzen Pilzmycel finden, welches normal entwickelt ist. Die Widerstandsfähigkeit gegen Plasmopara ist nicht allein durch das schnelle Absterben bedingt, sondern auch infolge der schwächeren und auch wohl langsameren Ausbreitung des Pilzmycels. Dadurch erhält die Pflanze die Möglichkeit, rechtzeitig die Abgrenzungsvorgänge durchzuführen.

Es wirft sich nun die Frage auf, verbreitet sich das Pilzmycel in dem Gewebe der widerstandsfähigen Pflanzen aus rein mechanischen Gründen nicht so stark wie in dem Gewebe der anfälligen, oder stehen dem Pilz nicht die erforderlichen Nährstoffe zur normalen Entwicklung zur Verfügung.

Bei der Prüfung dieser Fragen konnte ich beobachten, daß die Epidermis der Blattunterseite der Amerikaner- und Europäerreben anatomisch verschieden ist. Die Amerikaner zeigen kantige Zellverbindungen auf der Blattunterseite, während die Epidermiszellen der Europäerreben gewunden erscheinen (Abb. 52). Außerdem ist das Amerikanerblatt dünner und durchsichtiger, während das Europäer-

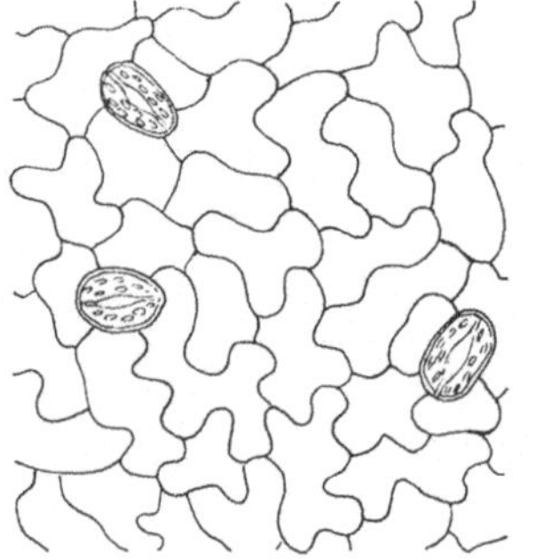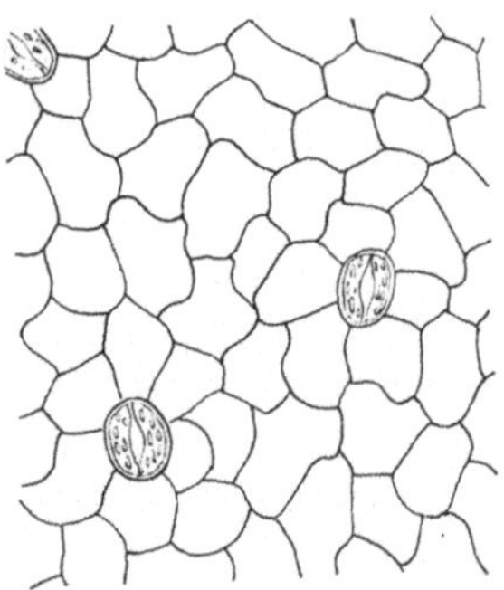

Abb. 52. Epidermiszellen der Blattunterseiten. l. Europäer; r. Amerikaner. 380 mal vergr.

blatt schwammigere Zellverbindungen aufweist. Ursprünglich nahm ich an, daß dieser verschiedene anatomische Blattbau im Zusammenhang mit der Widerstandsfähigkeit steht, aber ich konnte mich bald davon überzeugen, daß bei den F_2-Pflanzen alle Übergänge von der Struktur des Amerikanerblattes bis zur Struktur des Europäerblattes in Verbindung mit den verschiedenen Anfälligkeitsgraden vorhanden waren. Es wurden z. B. Pflanzen mit Europäerblattepidermis gefunden, die sich widerstandsfähig gegen Plasmopara erwiesen und umgekehrt solche mit Amerikanerblattepidermis, die anfällig waren. Der anatomische Bau des Blattes scheint demnach nicht für die Widerstandsfähigkeit ausschlaggebend zu sein.

Es bleibt dann die Frage offen, ob evtl. der Turgor der Zellen ein Eindringen der Haustorien verhindert. Die Untersuchungen von *Popovici-Lupa*[93] haben ergeben, daß die widerstandsfähigen Amerikanerreben ein außerordentlich geringes Saugkraftmaximum besitzen, während die Europäerreben sich umgekehrt verhalten. Dies mag sich daraus erklären, daß die wilden amerikanischen Reben an Flüssen wachsen und dementsprechend mit einer geringeren Saugkraft ihren Wasserhaushalt regulieren können. Wenn man bei hoher Saugkraft einen hohen Turgor der Zellen annimmt, so ist daraus zu schließen, daß dieser nicht mit dem Eindringen der Haustorien im Zusammenhang stehen dürfte, denn die Amerikanerreben mit geringerem Turgor weisen viel weniger und kleinere Haustorien in ihren Zellen auf. Jedoch muß diese Annahme noch weiter nachgeprüft werden, weil evtl. noch die Zellwandbeschaffenheit Einfluß auf das Eindringen der Haustorien haben kann. Allerdings spricht selbst dagegen die schwache Entwicklung der Haustorien nach dem Eindringen in die Zellen.

So bliebe mithin nur noch die Annahme übrig, daß aus ernährungsphysiologischen Gründen das Pilzmycel sich in den widerstandsfähigen Pflanzen nicht ausbreiten kann. Ob nun im Zellsaft bestimmte Stoffe fehlen oder anwesend sind, die die Widerstandsfähigkeit der Rebe erhöhen, konnte ich bisher noch nicht feststellen. Diese Frage muß durch weitere Experimente geklärt werden.

Als Widerstandsfaktoren kennen wir bei den Pflanzen 1. mechanische Verteidigung gegenüber den Parasiten, 2. Abwehr durch Stoffe, die im Zellsaft vorhanden sind, und 3. Reaktionen, die sich bei Befall in den Geweben oder Gewebesäften einstellen. Nach meinen bisherigen Feststellungen neige ich zu der Ansicht, daß eine Reaktion der Pflanze durch schnelles Absterben der befallenen Zellen und weiter eine Abwehr durch Stoffe im Zellsaft anzunehmen ist, die dem Pilzmycel nur schwächere und vielleicht auch langsamere Entwicklung gestattet und dadurch die Abriegelung wirkungsvoll werden läßt.

2. Abstammung und Beschreibung der widerstandsfähigen Rebensämlinge.

Die aus Samen gewonnenen widerstandsfähigen Reben interessieren in mehrfacher Hinsicht. Einmal ist für die bisherigen und auch zukünftigen Versuche die Abstammung dieser Rebensämlinge von Wichtigkeit, denn es hat sich gezeigt, daß aus bestimmten Kreuzungen immer wieder ein bestimmter Prozentsatz widerstandsfähiger Sämlinge hervorgeht; zum anderen interessiert der Habitus der widerstandsfähigen Pflanzen, weil verschiedentlich behauptet wurde, daß Koppelung der Ertrags- und Qualitätsfaktoren einerseits und der Immunitätsfaktoren andererseits die Erreichung der uns gesteckten Ziele äußerst erschwert, wenn nicht unmöglich macht. Aus nachfolgender Aufstellung sind die Namen der F_1-Kreuzungen oder der komplizierten Bastarde zwischen Europäer- × Amerikanerreben aufgeführt, die teils aus Selbstungen oder auch nach freiem Abblühen Nachkommenschaften geliefert haben, aus denen widerstandsfähige Rebensämlinge herausspalteten. Die Namen der Liste entsprechen den Angaben der Samen liefernden Zuchtstationen des

Weinbaugebietes. Fast alle traubentragenden Bastarde, die aus Kreuzungen Europäer- × Amerikanerreben hervorgegangen sind, die in den preußischen Rebensortimenten stehen, sind zur Aufspaltung gebracht worden, weil ich durch diese Versuche, die ich als Tastspaltungsversuche bezeichne, feststellen will, welche Kreuzungen sich für Großaufspaltungsversuche am besten eignen. Aus der Liste der Kreuzungen, die in ihren Nachkommenschaften widerstandsfähige Rebensämlinge gegeben haben, ist zu ersehen, daß sehr viel ausländische Bastarde dabei sind. Überhaupt ist es unmöglich, von vornherein zu sagen, ob sich die eine oder andere Kreuzung für die Aufspaltungsversuche besser eignet. Letzten Endes muß hier das Aufspaltungsexperiment allein entscheiden. Eigene Kreuzungen, Amerikanerreben × deutsche Sorten, sind im größeren Umfang erst nach dem Kriege hergestellt worden, so daß sie für die jetzigen Versuche noch nicht in Frage kommen. Aus den Kreuzungen der Amerikanerreben mit unseren deutschen Sorten verspreche ich mir für die uns wichtige Weißweinrebenzüchtung noch mehr Erfolge, weil bei den französischen Kreuzungen als Europäer-Elter sehr häufig Rotweinsorten verwandt worden sind, die in den Nachkommenschaften sich entsprechend auswirkten. So dominiert z. B. die Farbe der blauen Trauben über die Farbe der gelben. Dadurch wird ein großer Teil der in der F_2 gewonnenen widerstandsfähigen Rebensämlinge, wenn wir auf widerstandsfähige Weißweinreben züchten, ausfallen. Kreuzungen Rheinriesling oder Moselriesling oder Silvaner mit Amerikaner geben F_2-Nachkommenschaften, welche die Arbeit durch Farbfaktoren nicht erschweren. Im übrigen spricht die Abstammungsliste der widerstandsfähigen Rebensämlinge für sich allein. Daher will ich im einzelnen auf die Kreuzungen nicht eingehen, zumal sich heute kaum mehr einwandfrei in allen Fällen feststellen läßt, welche Elternpflanzen ursprünglich zur Verwendung gelangten. Auffallend ist, daß besonders aus „Direktträgern" und den älteren Bastarden, deren Elternpflanzen meist unbekannt sind, häufig widerstandsfähige Sämlinge herausspalten.

Es ist zwecklos, alle widerstandsfähigen Typen, die bisher herausspalteten, zu beschreiben, weil noch nichts über die Leistungsfähigkeit gesagt werden kann. Daher sollen nur einige plasmoparawiderstandsfähige Typen im Bilde gezeigt werden. Auf Abb. 53 und 54 sind widerstandsfähige Typen der F_2 Mourvèdre × Rupestris 1202 wiedergegeben. Auf den Abb. 55 und 56 sind ebenfalls gegen Plasmopara widerstandsfähige Typen der F_2 von Gamay × Riparia 595 gezeigt. Wie schon erwähnt wurde, finden sich unter den immunen Typen Pflanzen mit ausgesprochenem Europäer-Habitus, aber auch Pflanzen mit amerikanischem. Daraus entnehme ich, daß eine Koppelung zwischen den Ertrags- und Leistungsfaktoren der Europäer und der Immunitätsfaktoren der Amerikaner nicht besteht. Denn genau so, wie sich die Widerstandsfähigkeit

Liste der Sorten, die plasmoparawiderstandsfähige Sämlinge lieferten.

Alicante Terras*

Aramon × Riparia 143 B M G

Auxerrois × Rupestris = Vialla

Burgunder weiß × Rupestris du Lot

Cabernet × Rupestris 33a M. G.

Castel 120

„ 1832

Clinton

Couderc** 28—112

„   71—06

„   71—20

„   74—17

„   122—20

„   124—20

„   146—51

„   241—123

„   272—60

„   603

„   3907

„   4401

Duranthon rot = Aramon × Rip. 143 B. M. G.

Frühburgunder × Cordifolia × Rupestris 17 G

Frühburgunder × Riparia 62 G

Gamay × Riparia 595 Oberlin

„ × „ 604 „

„ × „ 605 „

„ × „ 702 „

„ × „ 705 „

„ × „ 716 „

Gutedel × Riparia 43 G

„ × „ 45 G

„ × „ 199 G

„ × „ 200 G

„ × „ 201 G

Hybride Franc

Jurie 580

„ 1230—13

Madeleine Royale × Riparia 651 Oberlin

„   „ × „ 661 „

„   „ × „ 663 „

„   „ × „ 674 „

„   „ × „ 675 „

Mourvèdre × Rupestris 1202 Couderc

Noah

Oisseau blau

Pinot × Rupestris 1305

Prof. Caille rot 78

Riesling × Riparia 23 G

„ × „ 58 G

„ × „ 152 G

„ × „ 153 G

„ × „ 194 G

„ × „ 208 G

„ × „ 209 G

„ × „ 210 G

Riesling × Solonis 131 G

„ × „ 152 G

„ × „ 155 G

„ × „ 156 G

„ × „ 157 G

„ × „ 158 G

Riparia × (Cordifolia × Rupestris 106[8]) M G

Seibel*** 14

„   82

„   87

„   156 blau

„   182

„   474

„   474 rot

„   867

„   867 rot

„   1000

„   1020

„   2003

„   1 Richter

Solonis × Gutedel 42 G

„ × „ 198 G

Solonis × York Madeira 159 G

Taylor Blankenhorn (V. labrusca × Rip. mont. nach Ludowici)

Taylor × blauer Portugieser 97 Rasch

Taylor × Frühburgunder 109 Rasch

Taylor Geisenheim

Trollinger × Riparia 46 G

„ × „ 48 G

„ × „ 110 G

„ × „ 111 G

„ × „ 112 G

„ × „ 208 G

„ × „ 209 G

Riparia × Trollinger 37 G

„ × „ 56 G

York Madeira × Riparia 1 G 188 G

* Nach Abschluß der sortensystematischen Arbeiten in Geisenheim sind Abänderungen der Sortenbezeichnungen möglich.

** Hat hauptsächlich Rupestris für seine Kreuzungen verwendet.

*** Hat hauptsächlich Riparia für seine Kreuzungen verwendet.

Abb. 53. Plasmoparawiderstandsfähige F₂-Typen aus Mourv. × Rup. 1202.

Abb. 54. Plasmoparawiderstandsfähige F₂-Typen aus Mourv. × Rup. 1202.

Abb. 55. Plasmoparawiderstandsfähige F$_2$-Typen der Gamay × Riparia 595.

Abb. 56. Plasmoparawiderstandsfähige F$_2$-Typen der Gamay × Riparia 595.

gegen Plasmopara mit dem Habitus oder besser z. B. mit den einzelnen
Wuchs, Form und Farbe bedingenden Faktoren kombinieren läßt, so
werden sich auch die Quantitäts- und Qualitätsfaktoren mit den Immunitätsfaktoren vereinigen lassen. Instruktiv ist die Abb. 57, auf der
3 anfällige und 3 gegen Plasmopara hochgradig widerstandsfähige
Pflanzen im 2. Vegetationsjahre 1930 nach 8 maliger künstlicher Plasmoparainfektion gezeigt werden. Die stark anfälligen Pflanzen zeigen
kaum noch Blätter. Die immunen Pflanzen dieser Abbildung stammen
aus geselbsteten F_1 bzw. „Direktträgern". Die Pflanze V 694 stammt
von dem „Direktträger" Jurie rot 1230—13 (S), die Pflanze V 487 aus

Abb. 57. Anfällige und widerstandsfähige, etwa 17 Monate alte Rebensämlinge nach achtmaliger
künstlicher Plasmoparainfektion. $^1/_8$ natürliche Größe.

den F_2-Nachkommenschaften des Bastards Madeleine Royale × Riparia 663 O. (S) und die Pflanze V 477 aus der F_2 des Bastards Gamay
× Riparia 605 O. Trotz der schlechten Bedingungen während des In-
fektionsversuches für die Rebenpflanzen und der Optimalbedingungen
für die Plasmopara, haben sich die widerstandsfähigen Rebensämlinge
nicht von ihr vernichten lassen. — Ich kann heute, da meine immunen
Rebensämlinge noch keine Trauben tragen, nichts Endgültiges über ihre
späteren Eigenschaften sagen, aber ich bin fest davon überzeugt, daß
unter einer genügend großen Anzahl plasmoparawiderstandsfähiger
Reben auch die eine Rebenpflanze sein wird, die widerstandsfähig gegen
Plasmopara ist und außerdem unsere Ansprüche hinsichtlich Ertrag
und Qualität befriedigen wird. Um dies praktische Ziel zu erreichen,
sollen die Versuche im Kaiser Wilhelm-Institut für Züchtungsforschung

in Müncheberg in dem geplanten Umfange weitergeführt werden, wobei
die jetzt schon vorhandenen widerstandsfähigen Reben, sobald sie Trauben tragen, sicherlich manchen wertvollen Hinweis geben werden.

IV. Ergebnis für die Immunitätszüchtung bei Reben.

Wie aus der Literatur und aus den eigenen Versuchen zu entnehmen
ist, sind für den Ausbau der praktischen Rebenzüchtung die Fragen,
ob sich die Amerikanerreben mit den Europäerreben ohne Schwierigkeiten kreuzen und ob sich ihre Eigenschaften kombinieren lassen, von
ausschlaggebender Bedeutung. Die Kombinationszüchtung setzt sich
zum Ziel, bestimmte Eigenschaften der amerikanischen mit denen der
europäischen Reben zu vereinigen.

Artbastarde, und bei diesen Rebenkreuzungen handelt es sich um
solche, zeichnen sich sonst häufig durch Sterilität aus. Im Gegensatz
zu diesen Erfahrungen an anderen Kulturpflanzen sind die Artbastarde
der Euvitisgruppe fertil. Diese Fertilität können wir in allen Bastard-
generationen beobachten. Selbst Formen, die verwandtschaftlich weit
voneinander entfernt sind, wie die Euvitis- und Muscadiniagruppe, geben
fertile Bastarde. Diese Tatsachen werden durch die cytologischen Beobachtungen bestätigt, nämlich, die amerikanischen und europäischen
Reben weisen die gleichen Chromosomenzahlen, mit einigen erwähnten
Ausnahmen, auf.

Nachdem wir nun wissen, daß die Artkreuzungsspaltungen normal
verlaufen, interessiert die Frage, nach welchen Gesetzen diese Spaltungen vor sich gehen. Bei der Herbstverfärbung und der Farbe des
Frühjahrsknospenaustriebes ist eine Vererbung nach den Mendelschen
Regeln festgestellt worden. Diese berechtigt zu der Annahme, daß
ähnliche Erbgänge für die Immunitäts- und Qualitätsfaktoren vorhanden sein werden, die nur infolge der großen Faktorenanzahl bisher nicht
ermittelt wurden.

Es entsteht nun weiter die Frage, ob erbliche Widerstandsfähigkeit
gegen Plasmopara mit geringerer Traubenqualität der Amerikanerreben
gekoppelt ist. Nach meinen bisherigen Versuchen konnte eine Koppelung
nicht festgestellt werden, denn es zeigten sich in den großen F_2-Nach-
kommenschaften gegen Plasmopara anfällige amerikanerähnliche und
gegen Plasmopara immune europäerähnliche Reben. Zwischen diesen
gab es eine große Reihe von Übergangstypen. Falls doch eine Koppelung vorhanden wäre, so könnte sie nach den bisherigen Versuchen nur
schwach sein, und eine derartig schwache Koppelung kann bei der Heranzucht einer großen Nachkommenschaft bestimmt gebrochen werden. Nach
den bisherigen pflanzenzüchterischen Erfahrungen ist bekannt, daß gewisse Koppelungen vorhanden sind, z. B. zwischen den Faktoren für
den Habitus der Wildpflanzen und ihren Ertrags- und Qualitätsfaktoren

und umgekehrt. Da aber eine große Anzahl plasmoparaimmune Rebensämlinge gefunden wurden, die dem Europäer-Habitus ähneln, ist anzunehmen, daß diese auch Ertrags- und Qualitätsfaktoren haben.

Erschwert werden die Rebenzuchtarbeiten nur dadurch, daß die für uns wichtigen Qualitäts- und Quantitätseigenschaften unserer Reben höchstwahrscheinlich auf mehreren Faktoren beruhen. Je größer nun die Faktorenanzahl ist, desto größere Nachkommenschaften müssen für die Selektionsversuche herangezogen werden. Unangenehm ist weiter die späte Blüte der Rebensämlinge, die erst im 3. bis 6. Jahr eintritt; hier müßten Versuche, die diese Zeit abkürzen, einsetzen. Bisher sind sie von uns mit unwesentlichem Erfolg durchgeführt worden. Wurde eine frühere Blüte erzielt, so handelte es sich meist um rein männlich blühende Pflanzen, die für unsere weiteren Zuchtversuche nicht so wichtig sind wie die zwittrigen.

Für die praktische Züchtung muß noch berücksichtigt werden, daß die F_1-Bastarde bestimmter Kreuzungen infolge Heterogenität der Eltern nicht gleichwertig sind, so daß man in der F_1 schon eine Auslese derjenigen Pflanzen treffen muß, die für die weitere Züchtung in Betracht kommen. Für unsere Kreuzungen kommen nach den bisherigen Aufspaltungsversuchen in der Hauptsache die gegen Plasmopara widerstandsfähigen Amerikaner Vitis riparia und evtl. Vitis rupestris als Elter in Frage. Aber diese Sorten weisen verschiedene Nachteile auf, die durch Kreuzungen mit unseren Viniferasorten ausgeglichen werden müssen.

Bei unseren Versuchen sind wir, um schnell zu einem größeren Material zu kommen, zur Aufspaltung der „Direktträger" übergegangen. Wenn auch in vielen Fällen die Eltern dieser „Direktträger" nicht unseren Wünschen entsprechend gewesen sein mögen, so nehmen wir an, daß bei dem heterogenen Material, welches durch diese Kreuzungen zusammengebracht worden ist, die Aufspaltungen äußerst bunt sein werden und daß man bei der Heranzucht einer großen Pflanzenanzahl bestimmt Erfolge erwarten kann. Die bisherigen Versuchsergebnisse bestätigen diese Annahme, denn die Aufspaltung ist tatsächlich sehr bunt, so daß sich kaum zwei Pflanzen ähnlich sind. Hierbei fällt es schwer, irgendwelche Angaben über die Erbgänge zu machen, aber dies war bisher auch nicht unser Ziel, weil wir möglichst schnell großes Material praktisch auswerten wollten. Infolge der Mannigfaltigkeit der Reben kommt es in allererster Linie darauf an, ein großes Selektionsmaterial heranzuziehen, denn wie es Übergänge bei der Plasmoparaanfälligkeit bei den Blatt- und Wuchsformen gibt, so gibt es bestimmt auch Übergänge bei den Ertragsleistungen und Geschmacksqualitäten, die für den praktischen Erfolg ebenfalls von größter Wichtigkeit sind.

Die Rebenzuchtarbeiten sind schwierig, aber mit Rücksicht auf die hohe volkswirtschaftliche Bedeutung müssen schnell alle Kräfte angesetzt werden. Um die Rebenzucht nachhaltig zu fördern, ist im Einvernehmen mit dem Reichsministerium für Ernährung und Landwirtschaft, dem Preußischen Ministerium für Landwirtschaft, Domänen und Forsten und dem Kaiser Wilhelm-Institut für Züchtungsforschung in Müncheberg im Frühjahr 1930 eine Arbeitsgemeinschaft gegründet worden. Zweck dieser Arbeitsgemeinschaft ist, die Rebenzüchtung großzügig zu fördern, indem die Lehr- und Forschungsanstalt für Obst-, Wein- und Gartenbau in Geisenheim a. Rh. die Beschaffung des Samenmaterials aus dem Weinbaugebiet übernimmt, während in Müncheberg die Prüfung der aus diesen Samen herangewachsenen Sämlinge auf Plasmoparawiderstandsfähigkeit und weitere züchterische Versuche durchgeführt werden. Die aus diesen Versuchen anfallenden plasmoparaimmunen Reben werden nach Naumburg, der Zweigstelle der Biologischen Reichsanstalt, zur Prüfung auf Reblauswiderstandsfähigkeit übersandt. Die nach diesen Prüfungen übrigbleibenden Rebensämlinge werden dann in den im deutschen Weinbaugebiet liegenden Versuchsstationen auf ihre Weinbergseignung beobachtet werden. Zur Zeit sind die ersten plasmoparawiderstandsfähigen Sämlinge der Zweigstelle der Biologischen Reichsanstalt in Naumburg zur Prüfung gegeben worden. Diese Arbeitsaufteilung hat sich bis jetzt gut bewährt und wird sich zukünftig noch günstiger auswirken. Bei der verständnisvollen Unterstützung dieser Versuche durch das Reichsministerium für Ernährung und Landwirtschaft, dem ich dafür an dieser Stelle ganz besonderen Dank ausspreche, ist die Gewähr dafür gegeben, daß die Rebenzüchtung in Zukunft nicht nur finanziell sichergestellt ist, sondern daß sie nach Maßgabe der neuesten wissenschaftlichen Kenntnisse mit allen Kräften praktisch vorwärtsgetrieben wird, um dem deutschen Weinbau in seiner Notlage zu Hilfe zu kommen.

Im Zusammenhang mit dieser Arbeit möchte ich es nicht versäumen, Herrn Prof. Dr. *E. Baur* dafür zu danken, daß er meine Arbeiten durch viele Anregungen und Bereitstellung der notwendigen Hilfsmittel in seinem Institut ständig förderte. Ferner danke ich allen, die mir bei der technischen Durchführung behilflich waren, insbesondere Fräulein *von Eicken* für die Anzucht der Pflanzen und für die photographischen Aufnahmen, Frau Dr. *Kuckuck* und Herrn *Lutfi* für die Unterstützung bei den cytologischen Arbeiten.

C.
Zusammenfassung einiger Ergebnisse.

1. Es wird ein Verfahren zur künstlichen Plasmoparainfektion beschrieben und das erfolgreiche Überwintern von Plasmopara an grünen Rebenblättern.

2. Nach den bisherigen Versuchen dürften vorläufig spezialisierte Biotypen bei der Plasmopara nicht anzunehmen sein.

3. Es wird eine Aussaat- und Anzuchtmethode beschrieben, die es gestattet, in Verbindung mit der künstlichen Plasmoparainfektion eine sehr große Anzahl von Rebensämlingen auf ihre Widerstandsfähigkeit bei verhältnismäßig geringem Aufwand von Zeit, Geld und Gelände experimentell zu prüfen.

4. Es wurden Aufspaltungserscheinungen der F_2 der Sorten Mourvèdre $\times$ Rupestris 1202 C und Gamay $\times$ Riparia 595 O. beschrieben. Für Anfälligkeit gegen Plasmopara, Triebspitzenhaltung und verzweigte Wuchsform wurden Erbfaktoren angenommen.

5. Eine monohybride Spaltung der Herbstverfärbung bei intermediärer Rotvererbung in der F_2 der Mourvèdre $\times$ Rupestris 1202 konnte festgestellt werden.

6. Es wird bestätigt, daß die amerikanischen und europäischen Rebenarten 2 n = 38 Chromosomen aufweisen und daß ferner die F_2-Pflanzen dieser Artkreuzungen keine chromosomalen Störungen zeigen.

7. Bei cytologischen Kontrollversuchen wurden zwei Pflanzen mit 2 n = 40 Chromosomen, die aus einer Moselrieslingselbstung hervorgegangen waren, gefunden.

8. Die plasmoparawiderstandsfähigen Reben reagieren durch schnelles Absterben der befallenen Zellen oder Gewebe und durch erhöhte Bildung von Chlorophyll oder Anthocyan in den die Infektionsstelle umgebenden Zellen.

9. Das Plasmoparamycel in den widerstandsfähigen Blättern ist auffallend schwächer als in den anfälligen. Im Zusammenhang hiermit wird die Deutung der Immunität versucht.

10. Die Versuche zwecks Züchtung plasmoparaimmuner Qualitätsreben versprechen nur dann Erfolg, wenn europäische Qualitätsreben mit widerstandsfähigen amerikanischen Reben gekreuzt werden und Filialgenerationen mit Hunderttausenden von Sämlingen herangezogen werden.

Literatur.

[1] *Aleksandrov, V.,* u. *Cachnašvili,* Über das Verhalten der Spaltöffnungen auf den Blättern der kachetischen Weinrebe während der Entwicklungs- und Reifezeit der Trauben. Bull. Appl. Bot. Gen. a. Plant-Breeding **24**, Nr 1. — [2] *Arens, K.,* Untersuchungen über Keimung und Cytologie der Oosporen von Plasmopara viticola (Berl. et de Toni). Jb. Bot. **70**, H. 1 (1929). — [3] *Arens, K.,* Physiologische Untersuchungen an Plasmopara viticola, unter besonderer Berücksichtigung der Infektionsbedingungen. Jb. Bot. **70**, H. 1 (1929). — [4] *Averna-Sacca, R.,* L'acidità dei succhi delle piante in rapporto alla resistenza contro gli attacchi dei parasiti. Stazioni sperim. agr. ital. **43** (1910). — [5] *v. Babo, A.,* u. *E. Mach,* Handbuch des Weinbaues und der Kellerwirtschaft. **1.** Weinbau. 4. Aufl. Berlin: Parey 1923. — [6] *Baranov, P.,* Zur Morphologie und Embryologie der Weinrebe. I. Zwittrige und typische weibliche Blüte. Ber. dtsch. bot. Ges. **45**, Nr 1 (1927). — [7] *Baranov, P.,* „Wild" grape of Middle Asia. I. Western Tian-Shan from Trans.

Exp. Irriget. St. Ak-kavak **4** (1927). — [8] *Baranov, P.*, Die Frage nach den Typen der Rebenblüte vom cytologisch-embryologischen Standpunkt aus. Vortrag am Kongreß für Genetik und Selektion in Leningrad 1929. — [9] *Baranov, P.*, and *Iwanowa-Parouskaja*, Cleistogamy of Middle Asiatic varieties of grape. From Trans. Exp. Irriget. St. Ak-kavak. **4** (1927). — [10] *Baranov, P.*, u. *I. Rajkova*, Die „männliche" Blüte der Weinrebe. Bull. Appl. Bot. Gen. a. Plant-Breeding **24**, Nr 1. — [11] *Baur, E.*, Einführung in die experimentelle Vererbungslehre. 7. bis 11. Aufl. Berlin: Bornträger 1930. — [12] *Baur, E.*, Einige Aufgaben der Rebenzüchtung im Lichte der Vererbungswissenschaft. Beitr. Pflanzenzucht **5**, 104—117 (1922). — [13] *Berlese, A. N.*, Studi sulla forma, struttura e sviluppo del seme nelle Ampelopidee. Malpighia **6**, 293—324 u. 482—536 (1892). — [14] *Birk, H.*, Der heutige Stand der Rebenveredlung in Deutschland. Inaug.-Diss.: Gießen 1930. — [15] *Börner, C.*, Die deutsche Reblaus, eine durch Anpassung an die Europäerrebe entstandene Varietät. Metz: Meisterzheim 1910. — [16] *Börner, C.*, Denkschrift zur Organisation der Rebenzüchtung in Deutschland. Berlin: Deutsche Landwirtschaftsgesellschaft 1920. — [17] *Börner, C.*, Jahresbericht der Biologischen Reichsanstalt für die Jahre 1919—1920. Mitt. Biol. Reichsanst. Landw. **1920**, H. 18, 87—91; **1921** H. 21, 159—163. — [18] *Börner, C.*, Untersuchungen über die Reblaus. Mitt. Biol. Reichsanst. Landw. **1922**, H. 12, 39—43. — [19] *Börner, C.*, u. *H. Rasmuson*, Untersuchungen über die Anfälligkeit der Rebe gegen Reblaus. Mitt. Biol. Reichsanst. Landw. **1914**, H. 15, 25—29. — [20] *Branas, M.*, Sur la caryologie des Ampelidées. C. r. Soc. Biol. Paris **1932**, Nr 1, 121. — [21] *Castel, P.*, Conseils pratiques sur l'hybridation de la vigne. Montpellier 1897. — [22] *Cuboni, G.*, Communicazioni del direttore della R. stazione patologica vegetale sulla Peronospora entro le gemme della vite. Boll. notic. agr. minist. agric. ind. e comm. Roma **1891**. — [23] *Cuboni, G.*, Gli effecti dell' idrato di calce nella cura delle viti contro la Peronospora. Riv. viticult. ed enolog. Ital. **9** (1885). — [24] *Detjen, L. R.*, Breeding southern grapes. J. Hered. **8**, 252—258 (1917). — [25] *Detjen, L. R.*, a) The limits in hybridisation of Vitis rotundifolia with related species and genera. North Carol. Sta. Techn. Bull. **17**, 5—26 (1919). — [26] *Detjen, Z.*, Some F_1-Hybrids of Vitis rotundifolia with related species and genera. North Carol. Agr. Exp. Sta. Techn. Bull. **18** (1919). — [27] *Dorsey, M. J.*, Variation studies of the venation angles and leaf dimensions in Vitis. Proc. amer. Breeders Assoc. **7**, 227—250 (1912). — [28] *Dorsey, M. J.*, Pollen development in the grape with special reference to sterility. Univ. Mims. Agr. Exp. St. Bull. **144** (1914). — [29] *Dorsey, M. J.*, Variation in the floral structures of Vitis. Bull. Torey bot. Club **39**, Nr 2 (1912). — [30] *Ducomet, V.*, Plasmopara viticola sur Ampelopsis Veitchii. Rev. Path. végét. **12** (1925). — [31] *Dümmler, A.*, Der Weinbau mit Amerikanerreben. Durlach i. B.: Selbstverlag des Verfassers 1922. — [32] *Fischer, G.*, Aufgaben und Wege der Rebenzüchtung. Angew. Bot. Z. Erforsch. Nutzpflanzen **10**, H. 4 (1928). — [33] *Gard, M.*, Étude anatomique sur les vignes et leurs hybrides artificiels. Thèse fac. sci. Bordeaux. Bordeaux 1903. — [34] *Gard, M.*, Possibilité et fréquence de l'autofécondation chez la Vigne cultivée. C. r. Acad. Sci. Paris **155**, 295—297 (1912). — [35] *Gard, M.*, Les éléments sexuels des hybrides de Vigne. C. r. Acad. Sci. Paris **157**, 226—228 (1913). — [36] *Gayer, J.*, Systematische Gliederung von Vitis vinifera. Mitt. dtsch. dendrol. Ges. **1925** (Andrasovsky). — [37] *Ghimpu, M. V.*, Recherches chromosomiques sur les luzernes, vignes, chênes et orges. 14. congrès internat. d'agric. Bucarest **1929**, 7. — [38] *Giard, A.*, Les faux hybrides de Millardet et leur interprétation. C. r. Soc. Biol. Paris **15**, 779 (1903). — [39] *Goethe, H.*, Die Erkennungsmerkmale der bedeutendsten Rebarten. Weinlaube **16**, 181—183 (1884). — [40] *Goethe, H.*, Handbuch der Ampelographie. 2. Aufl. Berlin: Parey 1887. — [41] *Gregory, C. T.*, Studies on Plasmopara viticola. Offic. rep. of the session of the internat. congr. of viticulture. San Franzisko 1915. — [42] *Grille*, Sur un hybride vrai de chasselas par vigne vierge. C. r. Acad. Sci. Paris **137**, 1300—1301 (1903). — [43] *Guillon, J. M.*, Étude générale de la vigne. Paris: Masson et Co. 1905. — [44] *Haberlandt, G.*, Über Zellteilungshormone und ihre Beziehungen zur Wundheilung, Befruchtung, Parthenogenesis und Adventivembryologie. Biol. Zbl. **145**, 172 (1922). — [45] *Hedrick, M. P.*, u. *R. D. Anthony*, Inheritance of certain characters in grapes. J. agricult. Res. **4**, 315—330 (1915). — [46] *Hegi, G.*, Rebstock und Wein. Sonderheft der künstlichen Flora von Mitteleuropa. München 1925. — [47] *Hirajanagi, H.*, Chromosome Arangement. III. The pollen mother cells of the Wine. M. of the Col. of Sc., Kyoto. Imp. Un. **4** (1929). — [48] *Husfeld, B.*, Rebzüchtungsfragen unter besonderer Berücksichtigung der Arbeiten des Kaiser Wilhelm-Instituts für Züchtungsforschung in Müncheberg i. M. Weinbau u. Kellerw. **1930**, H. 7. — [49] *Husmann, G. C.*, Testing Grape Varieties in the Vinifera Regiens of the United States. U. S. Dep. Agricult. Bull. **1915**, Nr 209, 1—157. — [50] *Husmann, G. C.*, and *Ch. Dearing*, The Muscadine Grapes. U. S. Dep. Agricult. Bull. **1913**, Nr 273, 1—64. — [51] *Husmann, G. C.*, Muscadine Grapes. U. S. Dep. Agricult. Farmers' Bull. **1916**, Nr 709, 1—28. — [52] *Istvánffi* u. *Pálinkás, G.*, Études sur le mildiou de la vigne. Ann. Inst. ampelogr. roy hongrois **4** (1913). — [53] *Iwanowa-Parouskaja*, Pollensterilität bei der Weinrebe. Tagebuch des Allrussischen Botanikerkongresses. **1928**. — [54] *Iwanowa-Parouskaja*, Weibliche Rebenblüte. Vortrag am Kongreß für Genetik und Selektion in Leningrad 1929. — [55] *Iwanowa-Parouskaja*, Die Pollensterilität der mittelasiatischen „weiblichen" Sorten der Weinrebe. Bull. Appl. Bot. of Genet. a. Plant-Breeding **33**, Nr 5. — [56] *Jancke, O.*, Die Anfälligkeit verschiedener Pflanzen gegenüber tierischen und pflanzlichen Schädlingen und die Wasserstoffionenkonzentration ihres Zellsaftes. Phytopath. Z. **2**, 181—198 (1930). — [57] *Kobel, F.*, Cytologische Untersuchungen als Grundlage für die Immunitätszüchtung bei der Rebe. Landw. Jb. Schweiz **1929**. — [58] *Kobel, F.*, Die cytologische und genetische Voraussetzung für die Immunitätszüchtung der Rebe. Züchter **1**, H. 7 (1929). — [59] *Korschinsky, S.*, Ampelographie der Krim. Bull. Bureau angew. Bot. **3** (1910). — [60] *Kotte, W.*, Laboratoriumsversuche zur Chemotherapie der Peronosporakrankheit. Zbl. Bakter. II **61** (1924). — [61] *Kroemer, K.*, Das staatliche |Rebenveredlungswesen in Preußen. Berlin: Parey 1918. — [62] *Kroemer, K.*, Die Rebe, ihr Bau und ihr Leben. Berlin: P. Parey 1923. — [63] *Kümmler, A.*, Über die Funktion der Spaltöffnungen weißbunter Blätter. Jb. Bot. **61** (1922). — [64] *Laurent, J.*, Les conditions physiques de résistance de la vigne au mildiou. C. r. Acad. Sci. Paris **152** (1911). — [65] *Lepik, E.*, Anatomische Untersuchungen über die durch Plasmopara viticola erzeugten Subinfektionen. Mitt. Inst. spez. Bot. **1931**. — [66] *Lüstner, G.*, Zur Biologie der Plasmopara viticola. Ber. Lehranst. Wein-, Obstu. Gartenbau Geisenheim **1919**. — [67] *Lüstner, G.*, Über das Auftreten der Plasmopara viticola Berlese und de Toni auf Ampelopsis Veitchii im Rheingau. Nachr.-Bl. dtsch. Pflanzenschutzdienst **4** (1924). — [68] *Millardet, A.*, Nouvelles recherches sur le développement et le traitement du mildiou et de l'anthracnose. Bordeaux 1887. — [69] *Millardet, A.*, Histoire des principales variétés et espèces de vigne d'origine américaine qui résistent au Phylloxéra. Paris: G. Masson 1885. — [70] *Millardet, A.*, Essai sur l'hybridation de la vigne. **1891**. — [71] *Millardet, A.*, Note sur l'hybridation sans croisement ou fausse hybridation. **1894**. — [72] *Millardet, A.*, Note sur la fausse hybridation chez les Ampelidées. Rev. Viticult. **1901**. — [73] *v. Minden, M.*, Chytridiinae, Ancylistinae, Monoblepharidiniae, Saprolegniineae. Kryptogamenflora der Mark Brandenburg. **5** (1912). — [74] *Molz, E.*, Über die Züchtung widerstandsfähiger Sorten unserer Kulturpflanzen. Z. Pflanzenzüchtg **5** (1917). — [75] *Moog, H.*, Beiträge zur Ampelographie. Mitt. preuß. Rebenveredlungskommission **1930**, Nr 6. — [76] *Müller, K.*, Rebschädlinge und ihre neuzeitliche Bekämpfung. 2. Aufl. Karlsruhe i. B.: G. Braun 1922. — [77] *Müller, K.*, u. *A. Rabanus*, Biologische Versuche mit der Rebenperonospora zur Ermittlung der Inkubationszeiten. Weinbau

u. Kellerwirtsch. **1923**. — ,[78] *Müller, K. O.*, Über die Entwicklung von Phytophthora infestans auf anfälligen und widerstandsfähigen Kartoffelsorten. Arb. Biol. Reichsanst. Land- u. Forstw. 18, H. 4 (1931). — [79] *Müller-Thurgau, H.*, Die Ansteckung der Weinrebe durch Plasmopara viticola. Schweiz. Z. Obst- u. Weinbau **1911**. — [80] *Müller-Thurgau, H.*, Neue Untersuchungen über die Ansteckung der Weinrebe durch Plasmopara (Peronospora) viticola. Landw. Jb. Schweiz **1915**. — [81] *Müller-Thurgau, H.*, Über das Eindringen der Peronospora in die Rebenblätter. Ber. schweiz. Versuchanst. Wädenswiel **1917/20**. — [82] *Müller-Thurgau, H.*, Das Verhalten von Reben amerikanischer Abstammung gegenüber der Peronospora, Plasmopara viticola. Landw. Jb. Schweiz. **1924**. — [83] *Müller-Thurgau, H.*, u. *F. Kobel*, Kreuzungsergebnisse bei Reben. Landw. Jb. Schweiz **1924**. — [84] *Muth, Fr.*, Über Rebenzüchtung. Beitr. Pflanzenzucht **1927**, H. 9. — [85] *Muth, Fr.*, Die Züchtung im Weinbau. Z. Pflanzenzüchtg 1, 347—393. — [86] *Muth, Fr., Ehatt* u. *Willig*, Die Rebenzüchtung in Preußen. Veröff. preuß. Hauptlandw.kammer **1928**, H. 22. — [87] *Nebel, B.*, Zur Cytologie von Malus und Vitis. Gartenbauwiss. **1929**. — [88] *Negrul, A. M.*, Chromosomenzahl und Charakter der Reduktionsteilung bei den Artbastarden der Weinrebe (Vitis). Züchter **2**, H. 2 (1930). — [89] *Noack, K.*, Untersuchungen über den Anthocyanstoffwechsel auf Grund der chemischen Eigenschaften der Anthocyangruppe. Z. Bot. 10, 561—628 (1918). — [90] *Noack, K.*, Physiologische Untersuchungen an Flavonolen und Anthocyanen. Z. Bot. 14, 1—74 (1922). — [91] *Oberlin, Chr.*, Weinbauinstitut Oberlin. Colmar: Colmarer Druckerei G. m. b. H. 1900. — [92] *Planchon*, Les vignes américaines Montpellier **1880**. — [93] *Popovici-Lupa*, Saugkraftuntersuchungen an Weinreben. Fortschr. Landw. 4, H. 10 (1929). — [94] *Rasmuson, H.*, Kreuzungsuntersuchungen bei Reben. Z. Abstammgslehre **17**, 1—52. — [95] *Rasmuson, H.*, Über Vererbung bei Vitis. Mitt. biol. Reichsanst. Landw. **1914**, H. 15, 29—34. — [96] *Rasmuson, H.*, Über die Möglichkeit von Chimärenbildung bei Reben. Mitt. Biol. Reichsanst. Landw. **1916**, H. 16, 49—50. — [97] *Ravaz, L.*, Les vignes américaines. Prote-greffes et producteurs directs. Caractères-Aptitudes. Montpellier: Coulet et fils 1902. — [98] *Ravaz, L.*, u. *Obiedoff*, Sur les variations de la résistance des grappes au mildiou. Ann. l'école nat. d'agric. de Montpellier **14** (1914). — [99] *Ravaz, L.*, et *G. Verge*, Conditions de développement du mildiou. Temperature nécessaire à la contamination. Progrès agric. et vitc. **1912**. — [100] *Ravaz, L.*, Influence de la température sur la germination des conidies du mildiou. Ebenda **1912**. — [101] *Ravaz, L.*, Les conditions de développement du mildiou de la vigne (Recherches expérimentales). Montpellier 1912. — [102] *Ravaz, L.*, Sur la germination des spores du mildiou de la vigne. C. r. Acad. Sci. Paris **137** (1921). — [103] *Renner, O.*, Vererbung bei Artbastarden. Z. Abstammgslehre **33**, 317—347 (1924). — [104] *Ruhland* u. *v. Faber*, Bericht über die Tätigkeit der kais. biol. Anstalt f. Land- u. Forstwirtschaft im Jahre 1908. — [105] *Sartorius, O.*, Zur Entwicklung und Physiologie der Rebenblüte. Angew. Bot. 8, 30—88 (1926). — [106] *Savoly*, Peronosporavorhersage. Bakt. Zbl. **35** (1912). — [107] *Sax, K.*, Chromosome counts in Vitis and related genera. Proc. amer. Soc. Horticult. Sci. **1929**. — [108] *Seeliger, R.*, Vererbungs- und Kreuzungsversuche mit der Weinrebe. Z. Abstammgslehre **1925**. — [109] *Seeliger, R.*, Zur Methodik der Rebenkreuzung. Wein u. Rebe **2**, 582—593 (1921). — [110] *Seeliger, R.*, Über einige bisherige Erfahrungen und Ergebnisse der Rebenzüchtung. Weinbau u. Kellerwirtsch. **3**, 187—192 (1924). — [111] *Stout, A. P.*, Types of flowers and intersexes in grapes, with references to fruit development. N. Y. State Tech. Bull. **82**, 3—16 (1921). — [112] *Stuckey, H. P.*, Works with Vitis rotundifolia, a species of Muscadine grapes. Georgia State Bull. **132**, 62—74 (1919). — [113] *Valleau, W. D.*, Inheritance of sex in the grape. Amer. Natural. **50** (1916). — [114] *Viala, P.*, u. *V. Vermorel*, Ampélographie. **1910**. — [115] *Viala, P.*, Une mission viticole en Amérique. Paris: G. Masson 1889. — [116] *Viala, P.*, Les maladies de la vigne. **1887**. — [117] *Wanner, A. G.*, Die Rebenneuzüchtungen in Kenchen. Herausgegeben von A. Bauer. Neustadt a. d. H.: Berlet u. Cie. 1922. — [118] *Wavilov, N.*, Immunität der Pflanzen gegen Infektionskrankheiten. Moskau 1919. — [119] *Weber, F.*, Hitzeresistenz funktionierender Schließzellen. Planta (Berl.) **1** (1926). — [120] *Wigand, A.*, Die rote und blaue Färbung von Laub und Frucht. Bot. Hefte (herausgegeben von A. Wigand). Marburg 1887. H. 2, 218 bis 243. — [121] *Wille, F.*, Untersuchungen über die Beziehungen zwischen Immunität und Reaktion des Zellsaftes. Z. Pflanzenkrkh. **37**, 129—158 (1927). — [122] *Wille, F.*, Puffergröße und Befall von Pflanzenkrankheiten. (Vorl. Mitt.) Zbl. Bakter. II **78**, 244 (1929). — [123] *Williams, C.*, Hybridization of Vitis rotundifolia. Inheritance of anatomical stem characters. N. C. Agr. Exp. St. T. Bull. **23** (1923). — [124] *Ziegler, A.*, Die Rebenzüchtung in Bayern. Landw. Jb. Bayern **1921**, H. 11/12. — [125] *Ziegler, A.*, Die Rebenzüchtung in Bayern im Jahre 1922. Bretten i. B.: Buchdruckerei Fr. Esser 1923. — [126] *Ziegler, A.*, u. *Morio*, Die Rebenzüchtung in Bayern 1927 bis 1930. Landw. Jb. Bayern **1931**, H. 10/11. — [127] *Ziegler, A.*, u. *P. Branscheidt*, Untersuchungen über die Rebenblüte. Angew. Bot. **9**, 340—415 (1927). — [128] *Zimmermann, A.*, Sammelreferate über die Beziehungen zwischen Parasit und Wirtspflanze. Nr 1 (Erysiphaceen). Zbl. Bakter. II **63** (1924). — [129] *Zweigelt, F.*, Die Ertragshybriden und ihre Bedeutung für den europäischen Weinbau. Internat. landw. Rdsch. **21**, Nr 3 (1930).

7. Band　　　　　# Inhaltsverzeichnis.　　　　　1. Heft

Originalienteil.

Autorenverzeichnis des Referatenteiles.

(Die Zahlen beziehen sich auf die Seiten.)

MONOGRAPHIEN ZUM PFLANZENSCHUTZ

Herausgegeben von Professor Dr. H. Morstatt, Berlin-Dahlem

Zuletzt erschien Heft 8:

Die Blattrollkrankheit der Kartoffel. Von Dr. **F. Esmarch,** Staatliche Landwirtschaftliche Versuchsanstalt Dresden, Abteilung Pflanzenschutz. Mit 6 Abbildungen. III, 91 Seiten. 1932.   RM 9.90

Inhaltsübersicht: **Einleitung** (Geschichtliches, geographische Verbreitung, wirtschaftliche Bedeutung). — **Krankheitsbild und -verlauf. — Histologisches. — Physiologie.** 1. Kohlehydrat-Stoffwechsel. 2. Eiweißstoffwechsel. 3. Atmung. 4. Transpiration. 5. Schlußfolgerungen. — **Übertragung.** 1. Natürliche Übertragung. 2. Künstliche Übertragung. — **Einfluß äußerer Faktoren auf die Krankheit.** — Blattrollkrankheit und Abbau. 1. Klima und Witterung. 2. Boden- und Feldlage. 3. Düngung und Kultur. — **Innere Krankheitsfaktoren.** 1. Sortenzugehörigkeit. 2. Entwicklungsstadium der Pflanze. 3. Reife der Pflanzkartoffeln. 4. Aufbewahrung der Pflanzkartoffeln. 5. Keimverhalten der Pflanzkartoffeln. — **Ätiologie der Krankheit.** 1. Virustheorie. 2. Physiologische Theorien. — **Bekämpfung.** — Literaturnachweis.

Heft 1: **Der Apfelblattsauger.** (Psylla mali Schmidberger.) Von Dr. **Walter Speyer,** Regierungsrat bei der Biologischen Reichsanstalt für Land- und Forstwirtschaft, Zweigstelle Stade. Mit 59 Abbildungen. VII, 127 Seiten. 1929.   RM 9.60 *

Heft 2: **Die Rübenblattwanze.** (Piesma quadrata Fieb.) Von Dr. **Johannes Wille,** Aschersleben. Mit 39 Abbildungen. III, 116 Seiten. 1929. RM 9.60 *

Heft 3: **Die Forleule.** (Panolis flammea Schiff.) Von Dr. **Hans Sachtleben,** Regierungsrat bei der Biologischen Reichsanstalt für Land- und Forstwirtschaft, Berlin-Dahlem. Mit 35 Abbildungen im Text und einer mehrfarbigen Tafel. IV, 160 Seiten. 1929.   RM 15.80 *

Heft 4: **Die Aphelenchen der Kulturpflanzen.** Von Dr. **H. Goffart,** Biologische Reichsanstalt für Land- und Forstwirtschaft, Berlin-Dahlem. Mit 42 Abbildungen im Text und einer mehrfarbigen Tafel. V, 105 Seiten. 1930. RM 14.80 *

Heft 5: **Der Wurzeltöter der Kartoffel.** (Rhizoctonia solani K.) Von Dr. **Hans Braun,** Biologische Reichsanstalt für Land- und Forstwirtschaft, Berlin-Dahlem. Mit 17 Abbildungen und 14 Tabellen. III, 136 Seiten. 1930. RM 12.80 *

Heft 6: **Der linierte Graurüssler oder Blattrandkäfer.** (Sitona lineata L.) Von Dr. **K. Th. Andersen,** a. o. Hochschulprofessor, Vorstand des Zoologischen Instituts Weihenstephan der Technischen Hochschule München. Mit 40 Abbildungen. VII, 88 Seiten. 1931.   RM 9.60

Heft 7: **Die Rübenfliege.** (Pegomyia hyoscyami Pz.) Von Dr. **H. Bremer,** Zweigstelle Aschersleben der Biologischen Reichsanstalt für Land- und Forstwirtschaft, und Dr. **O. Kaufmann,** Fliegende Station Heinrichau der Biologischen Reichsanstalt für Land- und Forstwirtschaft. Mit 32 Abbildungen. V, 110 Seiten. 1931.   RM 12.—

** Auf die Preise der vor dem 1. Juli 1931 erschienenen Bücher wird ein Notnachlaß von 10 % gewährt.*

VERLAG VON JULIUS SPRINGER IN BERLIN